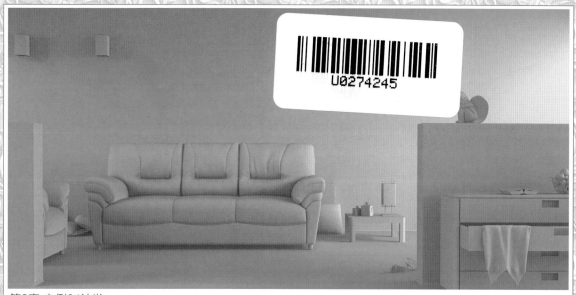

第2章 实例01沙发

第2章 实例02茶几

第2章 实例03边几

第2章 实例04角几

第2章 实例05电视柜

第2章 实例06地柜

第2章 实例07鞋架

第2章 实例08花架

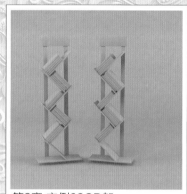

第2章 实例09CD架

第2章 实例10装饰柜

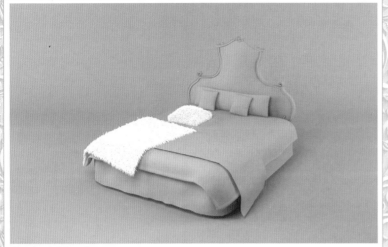

第3章 实例01床

第3章 实例03梳妆台

第3章 实例04妆凳

第3章 实例02床头柜

第3章 实例06床尾凳

第3章 实例05衣柜

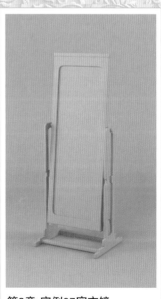

第3章 实例07穿衣镜

第4章 实例01餐桌

第4章 实例06吧台

第4章 实例02餐椅

第4章 实例03酒柜

第4章 实例04餐边柜

第4章 实例07垃圾柜

第4章 实例05卡座

第5章 实例03书架

第5章 实例01书柜

第5章 实例04现代杂志架

第5章 实例02书桌

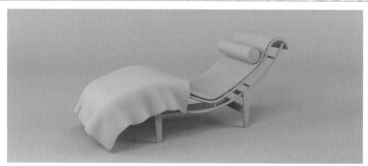

第5章 实例05休闲椅

第5章 实例06八仙桌

第5章 实例07太师椅

第6章 实例01橱柜

第6章 实例03刀架

第6章 实例04菜板

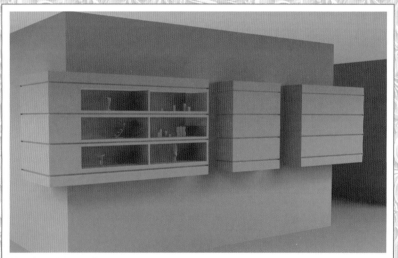

第6章 实例02吊柜

第6章 实例05碗碟柜

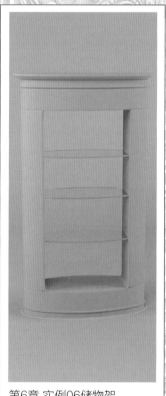

第6章 实例06储物架

第7章 实例01洗手台

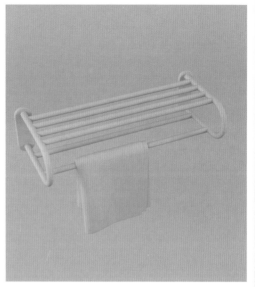

第7章 实例04浴巾架

第7章 实例02储物柜

第7章 实例05垃圾桶

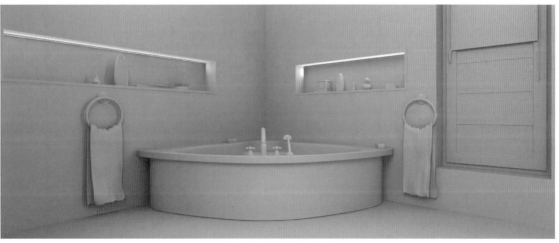

第7章 实例03浴盆

第8章 实例01大班台

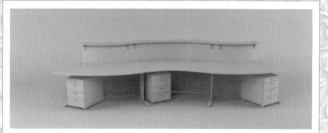

第8章 实例03办公桌

第8章 实例02电脑椅

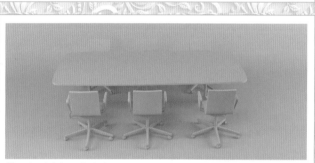

第8章 实例04会议桌

第8章 实例05电脑桌

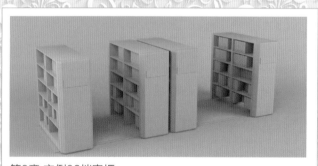

第8章 实例06档案柜

第8章 实例07办公沙发

第8章 实例08办公室杂志架

本书配套光盘导读

DVD1光盘内容为50个实例的白模效果图、场景文件以及第2、3章视频教学文件。

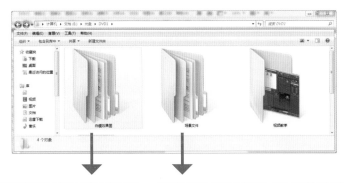

白模效果图文件

MAX场景文件

前期准备工作（视频时长11分钟）

第2章 为客厅家具设计（共计674分钟）

实例01沙发1（视频时长43分钟）

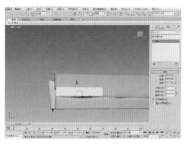

实例01沙发2（视频时长40分钟）

实例01沙发3（视频时长23分钟）

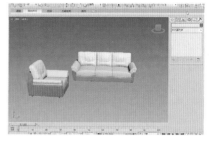

实例02茶几1（视频时长17分钟）

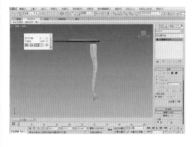

实例02茶几2（视频时长26分钟）

实例02茶几3（视频时长60分钟）

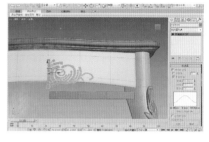

实例02茶几4（视频时长39分钟）

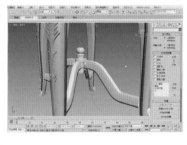

实例03边几（视频时长51分钟）

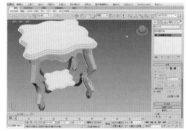

实例04角几1（视频时长31分钟）

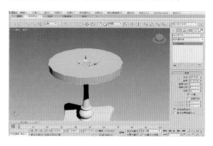

实例04角几2（视频时长32分钟）

实例05电视柜1(视频时长50分钟)

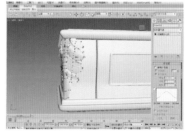

实例05电视柜2（视频时长37分钟）

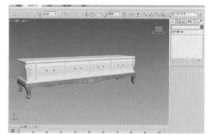

实例06地柜（视频时长42分钟）

实例07鞋柜（视频时长32分钟）

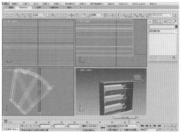

实例08花架（视频时长35分钟）

实例09CD架（视频时长13分钟）　实例10装饰柜1（视频时长57分钟）实例10装饰柜2（视频时长46分钟）

 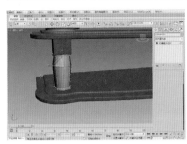 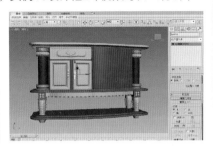

第3章为卧室家具设计（共计436分钟）

实例01床1（视频时长62分钟）　实例01床2（视频时长51分钟）　实例01床3（视频时长2分钟）

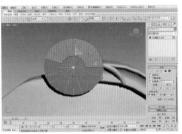 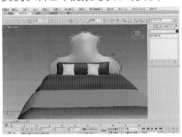 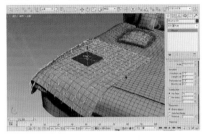

实例02床头柜（视频时长26分钟）　实例03化妆台1（视频时长26分钟）实例03化妆台2（视频时长39分钟）

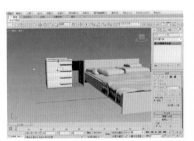  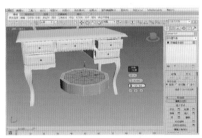

实例04化妆凳1(视频时长30分钟)　实例04化妆凳2（视频时长19分钟）实例05衣柜1（视频时长33分钟）

 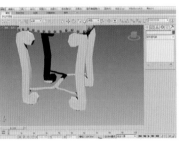 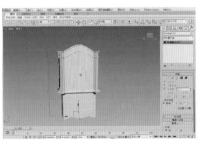

实例05衣柜2（视频时长35分钟）　实例05衣柜3（视频时长40分钟）　实例06床尾凳（视频时长49分钟）

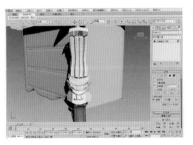 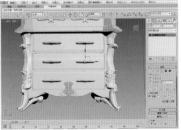 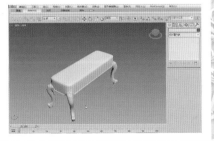

实例07穿衣镜（视频时长24分钟）

 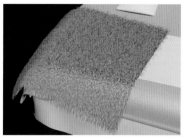 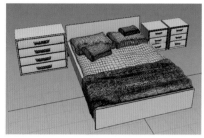

DVD2光盘内容为第4~8章实例的视频教学文件。

第4章为餐厅家具设计（共计455分钟）

实例01餐桌1（视频时长32分钟）　实例01餐桌2（视频时长52分钟）　实例02餐椅1（视频时长31分钟）

 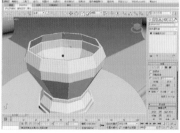 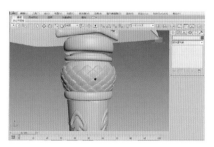

实例02餐椅2(视频教学时长44分钟)　实例02餐椅3(视频教学时长32分钟)　实例03酒柜1(视频时长32分钟)

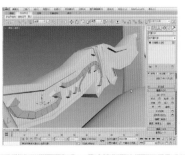 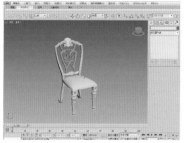 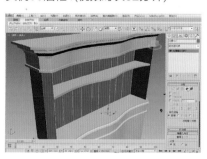

实例03酒柜2（视频时长7分钟）

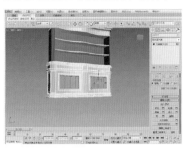

实例03酒柜3（视频时长21分钟）

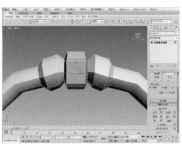

实例04餐边柜1（视频时长47分钟）

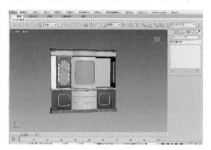

实例04餐边柜2（视频时长28分钟）

实例05卡座1（视频时长36分钟）

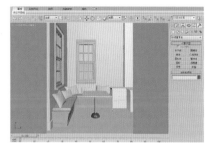

实例05卡座2（视频时长12分钟）

实例06吧台（视频时长45分钟）

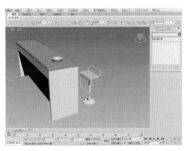

实例07垃圾柜（视频时长36分钟）

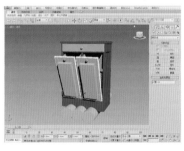

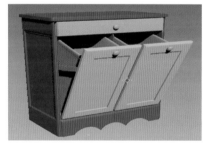

第5章为书房家具设计（共计365分钟）

实例01书柜（视频时长37分钟）

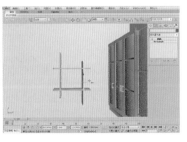

实例02书桌（视频时长54分钟）

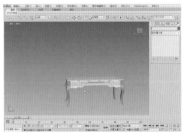

实例03书架（视频时长28分钟）

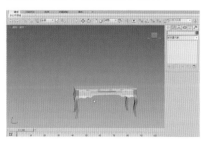

实例04现代杂志架(视频时长22分钟)

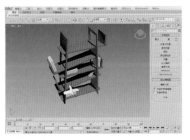

实例05休闲椅（视频时长51分钟）

实例06八仙桌1（视频时长49分钟）

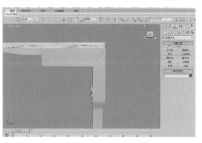

实例06八仙桌2(视频时长29分钟)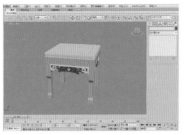

实例07太师椅1(视频时长33分钟)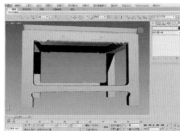

实例07太师椅2（视频时长38分钟）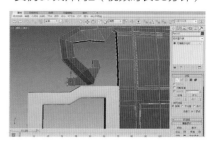

实例07太师椅3（视频时长24分钟）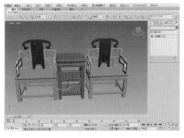

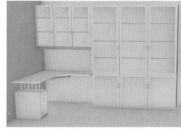

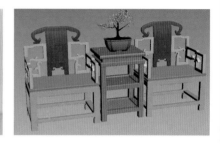

第6章为厨房家具设计（共计250分钟）

实例01橱柜1（视频时长57分钟）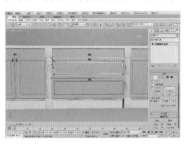

实例01橱柜2（视频时长29分钟）

实例02吊柜（视频时长27分钟）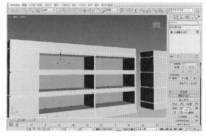

实例03刀架（视频时长35分钟）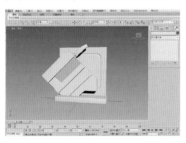

实例04菜板（视频时长15分钟）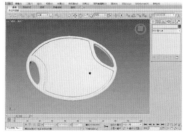

实例05碗碟柜1（视频时长29分钟）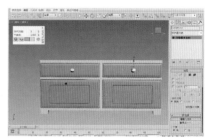

实例05碗碟柜2(视频时长31分钟)

实例06储物架（视频时长27分钟）

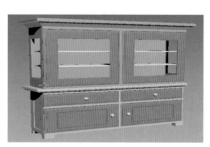

第7章为卫生间家具设计（共计148分钟）

实例01洗手台（视频时长59分钟）

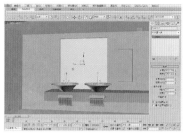

实例02储物框（视频时长24分钟）

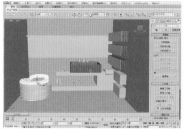

实例03浴盆（视频时长26分钟）

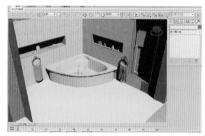

实例04浴巾架（视频时长18分钟）

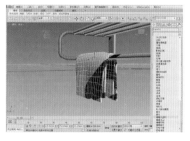

实例05垃圾桶（视频时长21分钟）

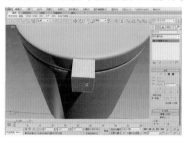

第8章为办公家具设计（共计317分钟）

实例01大班台（视频时长23分钟）

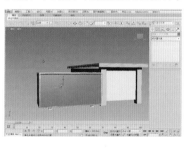

实例02办公椅1(视频时长29分钟)

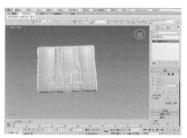

实例02办公椅2（视频时长18分钟）

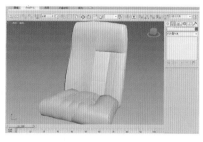

实例02办公椅3(视频时长19分钟)

实例02办公椅4(视频时长20分钟)

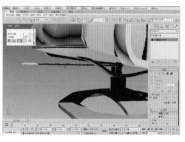

实例02办公椅5（视频时长8分钟）

实例03办公桌1(视频时长23分钟)

实例03办公桌2(视频时长20分钟)

实例04会议桌1（视频时长23分钟）

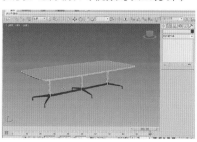

实例04会议桌2(视频时长29分钟)　　实例05电脑桌1(视频时长22分钟)　　实例05电脑桌2（视频时长18分钟）

 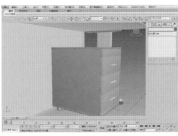 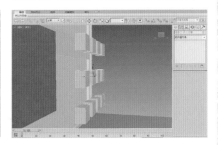

实例06档案柜（视频时长22分钟）　　实例07办公沙发(视频时长27分钟)　　实例08办公室杂志(视频时长16分钟)

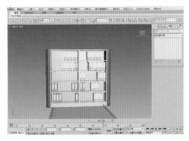 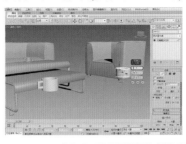 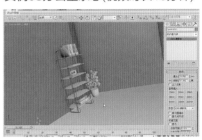

 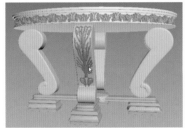 

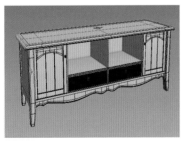 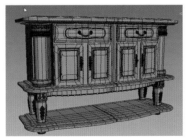 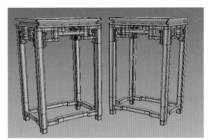

3ds Max

室内家具超逼真模型设计

杨旺功 赵一飞 徐 昱 编著

清华大学出版社

北京

内 容 简 介

本书以 3ds Max 2015 为平台，通过精心挑选的 50 个典型实例，全面、详细地讲解了各种常见类型家具的设计流程、方法和技巧。具体内容包括 3ds Max 家具设计基础知识、客厅家具设计、卧室家具设计、餐厅家具设计、书房家具设计、厨房家具设计、卫生间家具设计、办公家具设计。读者通过学习本书，可以熟练使用强大的 3ds Max 建模工具进行快速精确的家具产品建模，为最终进行产品渲染奠定良好的基础。

附赠光盘中提供了书中所有实例的场景文件和白模效果图，以及演示实例设计全过程的语音教学视频文件，可帮助读者解决学习中遇到的问题，并拓展技术。

本书讲解全面、实例丰富、技术实用，适合家具设计、模型制作、室内效果图表现等相关行业的从业人员阅读学习，也可作为大中专院校家具设计及其相关专业的教材。

图书在版编目(CIP)数据

3ds Max 室内家具超逼真模型设计/杨旺功，赵一飞，徐昱编著. --北京：清华大学出版社，2016
ISBN 978-7-302-43379-8

Ⅰ．①3… Ⅱ．①杨… ②赵… ③徐… Ⅲ．①家具—计算机辅助设计—三维动画软件 Ⅳ．①TS664.01-39

中国版本图书馆 CIP 数据核字(2016)第 074813 号

责任编辑：陈冬梅
装帧设计：常雪影
责任校对：王　晖
责任印制：刘海龙

出版发行：清华大学出版社
　　　　　网　　　址：http://www.tup.com.cn, http://www.wqbook.com
　　　　　地　　　址：北京清华大学学研大厦 A 座　　　邮　　　编：100084
　　　　　社 总 机：010-62770175　　　邮　　　购：010-62786544
　　　　　投稿与读者服务：010-62776969, c-service@tup.tsinghua.edu.cn
　　　　　质量反馈：010-62772015, zhiliang@tup.tsinghua.edu.cn
印 刷 者：北京鑫丰华彩印有限公司
装 订 者：北京市密云县京文制本装订厂
经　　销：全国新华书店
开　　本：190mm×260mm　　印　张：20　　插　页：8　　字　数：476 千字
　　　　　(附 DVD 2 张)
版　　次：2016 年 5 月第 1 版　　　印　次：2016 年 5 月第 1 次印刷
印　　数：1～3000
定　　价：78.00 元

产品编号：066734-01

前言

3ds Max 是目前世界上应用非常广泛的三维建模、动画、设计和渲染软件之一，完全可以满足制作高质量动画、最新游戏、设计效果等领域的需要，被广泛应用于影视、建筑、游戏、家具、工业产品造型设计等各个行业。

家具是指人类维持正常生活、从事生产实践和开展社会活动所必不可少的一类器具。一方面，家具是整体环境的一部分，需要与环境有和谐的整体美感；另一方面它还有自己的内部构造。家具也跟随时代的脚步不断发展创新，至今门类繁多、用料各异、品种齐全、用途不一。家具设计既是一门艺术，又是一门应用科学，它和其他的设计一样，讲究的是精致实用。

本书内容

本书以 3ds Max 2015 为平台，详细讲解了使用该软件设计各种家具的流程、方法和技巧。书中有重点地介绍了 3ds Max 在家具设计中的各种常用技术，包括各种建模的方法及各种修改器的使用，并通过具体实例的实现过程，让读者深入掌握，并熟练应用到实际设计中。

全书共分为 8 章。第 1 章对 3ds Max 软件及家具设计中常用的一些基础设置和多边形建模原理进行了简单介绍，同时，又对家具设计的必备理论知识进行了讲解。让读者在进入实际设计之前，对 3ds Max 家具设计有一个总体了解。第 2 章介绍了客厅家具的基础设计知识和相关家具的设计方法。为了方便读者掌握 3ds Max 的操作，在这章中对每类家具的设计过程都进行了详细介绍，尤其是涉及 3ds Max 的操作进行了更为细致的讲解。第 3 章介绍了卧室家具的基础知识和相关家具的设计方法。第 4 章介绍了餐厅家具的基础知识和相关家具的设计方法。第 5 章介绍了书房家具的基础知识和相关家具的设计方法。第 6 章介绍了厨房家具的基础知识和相关家具的设计方法。第 7 章介绍了卫生间家具的设计方法。第 8 章介绍了办公家具的设计方法。

本书特色

全书除第 1 章介绍基础知识外，其他全部采用实例进行讲解。书中尽量按照从易到难、由简单到复杂的顺序来安排内容。在第 2 章对每个实例都进行了详细的介绍，方便读者熟悉 3ds Max 的具体操作。从第 3 章开始，对于简单的操作采用略讲的方式，将重点放在关键步骤和重点知识的讲解上。这样可以在有限的篇幅内，讲解更多类型家具的设计。

科学编排，易学易用： 本书在安排内容时，前面的实例详细介绍，后面的实例把重点放在关键技术的讲解上，方便读者学习掌握。

实例丰富，实用性强： 本书通过 50 个典型实例，深入解析各种不同类型家具的设计方法，所有实例都来自实际的设计项目，具有很强的实用性。

前言

视频教学，学习高效：光盘中提供了书中所有实例的全程语音教学视频文件，犹如专业老师亲自在身边授课。这些视频文件与书中的操作步骤紧密结合，书中对重点步骤、关键技术、操作的经验和技巧进行了讲解，视频教学演示设计全过程，可提高学习效率。

关于光盘

为了方便读者学习，本书附赠 2 张 DVD 光盘，光盘中的具体内容包括：

- 所有实例的场景文件和白模效果图。
- 演示实例设计过程的语音教学视频文件。

作者团队

本书主要由北京印刷学院设计艺术学院的杨旺功、赵一飞、徐昱老师编写，其中，杨旺功编写了第 1～4 章，赵一飞编写了第 5 章和第 6 章，徐昱编写了第 7 章和第 8 章。其他参与编写的人员还有于香芝、江俊浩、王劲、安静、于舒春、周艳山、张慧萍、张博、吴艳臣、王永忠、宁秋丽、刘书彤、李永华、李日强、纪宏志、陈可义、蔡野、赵平等。由于作者水平有限，书中存在的疏漏和错误之处，敬请读者批评指正。

编　者

目录

目录

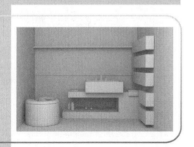

第1章

3ds Max 家具设计基础知识

　　3D Studio Max，常简称为 3ds Max 或 MAX，是 Discreet 公司开发的(后被 Autodesk 公司合并)基于 PC 系统的三维动画渲染和制作软件。其前身是基于 DOS 操作系统的 3D Studio 系列软件。在 Windows NT 出现以前，工业级的 CG 制作被 SGI 图形工作站所垄断。3D Studio Max + Windows NT 组合的出现一下子降低了 CG 制作的门槛，首先开始运用在计算机游戏中的动画制作，后更进一步开始参与影视片的特效制作，例如《X 战警 II》、《最后的武士》等。在 Discreet 3ds Max 7 后，正式更名为 Autodesk 3ds Max。

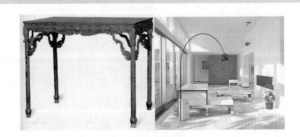

1.1　3ds Max 背景

3ds Max 是由 Autodesk 公司旗下的 Discreet 公司开发推出的三维造型与动画制作软件。在 20 世纪 90 年代之前，3D 制作软件还是大型工作站所特有的软件，多数人是很难接触到的。而 3D Studio 软件率先将以前仅能在图形工作站上运行的三维造型与动画制作软件移植到微型计算机硬件平台上，因此该软件一经推出就受到广大设计人员和爱好者的欢迎，获得了用户的广泛支持。

1. 特点

与其他的 3D 制作软件相比，3ds Max 具有易学、功能强大、应用广泛等特点。它是集建模、材质、灯光、渲染、动画、输出等于一体的全方位 3D 制作软件，可以为创作者提供多方面的选择，满足不同的需要。

2. 软件优势

性价比高：首先 3ds Max 有非常好的性能价格比，它所提供的强大的功能远远超过了它自身低廉的价格，一般的制作公司就可以承受，这样就可以使作品的制作成本大大降低，而且它对硬件系统的要求相对来说也很低，一般普通的配置就可以满足学习的需要了，这也是每个软件使用者所关心的问题。

上手容易：其次也是初学者比较关心的问题，就是 3ds Max 是否容易上手，这一点可以完全放心，3ds Max 的制作流程十分简洁高效，可以使用户很快上手，所以先不要被它的大堆命令吓倒，只要操作思路清晰，上手会非常容易，后续的高版本中操作性也十分简便，操作的优化更有利于初学者学习。

使用者多，便于交流：再次在国内拥有最多的使用者，便于交流，相关教程也很多，随着互联网的普及，关于 3ds Max 的论坛在国内也相当火爆，这使我们遇到问题时可以拿到网上同大家一起讨论，非常方便。

1.2　3ds Max 应用领域

随着计算机及 3ds Max 软件的不断更新，计算机图像技术有了更大的发展空间。硬件的发展为软件性能的提升提供了强有力的后盾支持，软件版本的不断更新为人们提供了更加强大和快捷的工具和更加自由的创作空间，使用户可以制作出更出色的模型、贴图、特效等。3ds Max 是制作建筑效果图和动画制作的专业工具，同时拥有强大功能的 3ds Max 被广泛地应用于电视及娱乐业中，比如片头动画和视频游戏的制作，深深扎根于玩家心中的电子游戏《古墓丽影》中的劳拉角色形象就是 3ds Max 的杰作，在影视特效方面也有一定的应用。而在国内发展相对比较成熟的建筑效果图和建筑动画制作中，3ds Max 的使用率更是占据了绝对的优势。根据不同行业的应用特点对 3ds Max 的掌握程度也有不同的要求，建筑方面的应用相对来说局限性要大一些，它只要求单帧的渲染效果和环境效果，只涉及比较简单的动画；

片头动画和视频游戏应用中动画占的比例很大，特别是视频游戏对角色动画的要求要高一些；影视特效方面的应用则把 3ds Max 的功能发挥到了极致，而这也是众多的 3ds Max 迷想要达到的目标。由于应用广泛，在此建议大家在学完本书之后，确定自己的发展方向，然后继续深入学习，从而更好地提升自己的技术水平。以下是 3ds Max 的一些具体应用。

1. 建筑设计

建筑设计包含室内和室外效果图表现两部分。室内设计与建筑外观表现是目前国内应用 3ds Max 最广泛的领域。如图 1-1 和图 1-2 所示分别为利用 3ds Max 软件制作的室内和室外的效果图表现。

图 1-1　3ds Max 室内设计表现应用　　　　图 1-2　3ds Max 室外设计表现应用

2. 产品工业效果设计

工业设计是艺术与技术结合的象征，学习工业设计首先要学的就是艺术，艺术的学习通常包括素描、色彩、构成等艺术基本功。艺术的修为关系到工业设计流程的始终，也是最重要的素养之一。三维设计软件目前市场上常见的有 Maya、3ds Max、Rhino、Cinema 4D、Pro/E、UG、CATIA、Alias 等。工业设计师也采用 3ds Max 来进行工业设计表现，不过主要用在渲染上，真正使用 3ds Max 来建模的工业设计师是非常少的。如图 1-3 所示为 3ds Max 工业设计案例之一。

图 1-3　3ds Max 工业设计表现

3. 游戏角色及场景设计

由于 3ds Max 自身的特点，它已成为全球范围内应用最为广泛的游戏角色设计与制作软件之一，如果配合其他的三维雕刻软件更能表现出一些模型细节。如图 1-4 所示就是利用 3ds Max 软件同时配合 ZBrush 等雕刻软件制作的作品。除制作游戏角色外，还被广泛应用于制作游戏场景，如图 1-5 所示。

图 1-4　角色设计

图 1-5　游戏场景设计

4. 广告及影视动画

目前三维软件在影视动画等方面被广泛使用，最具有代表性的作品有《阿凡达》、《变形金刚》等，如图 1-6 和图 1-7 所示。

图 1-6　《阿凡达》电影镜头

图 1-7　《变形金刚》电影镜头

5. 虚拟化技术

虚拟现实技术是目前三维技术发展的方向。通过 3ds Max 可将远古或未来的场景表现出来，从而能够进行更深层次的学术研究，并使这些场景所处的时代更容易被大众接受。在不久的将来，成熟的虚拟场景技术加上虚拟现实技术能够使观众获得身临其境的真实感受。应用最广泛的有虚拟演播室和虚拟战场等。如图 1-8 和图 1-9 所示分别为虚拟战场和虚拟演播室的应用。

图 1-8　虚拟战场　　　　　　　　　　　图 1-9　虚拟演播室

以上就是 3ds Max 在不同应用领域的举例。接下来看一下家具设计的一些基本要求。

1.3　家具设计的基础知识和要求

1. 设计简介

家具设计是指用图形(或模型)和文字说明等方法，表达家具的造型、功能、尺度、尺寸、色彩、材料和结构。家具设计既是一门艺术，又是一门应用科学。主要包括造型设计、结构设计及工艺设计 3 个方面。设计的整个过程包括收集资料、构思、绘制草图、评价、试样、再评价、绘制生产图。

家具设计基础：民族性。

世界上每个民族，由于不同的自然条件和社会条件的制约必须形成自己独特的语言、习惯、道德、思维、价值和审美观念，因而形成民族特有的文化。家具设计的民族性主要表现在设计文化的观念层面上，它能直接反映整个民族的心理共性，不同的民族、不同的环境营造不同的文化观念，直接或间接地影响到他们的家具设计风格特征。

家具设计的发展趋势：时代性。

在经济全球化、科技飞速发展的今天，社会主观形式都已发生了根本的改变，尤其是信息的广泛高速传播、开放的观念中冲击着社会结构、价值观念与审美观念，国与国之间的交流、人与人之间的交往日趋频繁，人们从世界各地接收到的信息今非昔比，社会及人的要求在不断增加和改变。加之工业的文明所带来的能源、环境和生态的危机，面对这一切设计师能否适应它、利用它，使得设计成为特定时代的产物，这已成为当今设计师的重要任务。

家具设计原则：功能、舒适、耐久、美观。

(1) 是否实用。一件家具的功能是相当重要的，它必须能够体现出本身存在的价值。假若是一把椅子，它就必须能够做到使你的臀部避免接触到地面。若是一张床，它一定可以让你坐在上面，也能够让你躺在上面。实用功能的含义就是家具要包含通常可以接受的已被限定的目的。人们往往把太多的精力花费在家具的艺术装饰上。

(2) 是否舒适。一件家具不仅需要具备它应有的功能，而且还必须具有相当的舒适度。一块石头能够让你不需要直接坐在地面上，但是它既不舒服也不方便，然而椅子恰恰相反。你要想一整晚能好好地躺在床上休息，床就必须具备足够的高度、强度与舒适度来保证这一点。一张咖啡桌的高度必须做到使服务人员在端茶或咖啡给客人的时候相当便利，但是这样的高度对于就餐来说却又相当不舒服了。

(3) 能否持久耐用。一件家具通常应该能够长久地被使用，然而每件家具的使用寿命也是不尽相同的，因为这个同它们的主要功用息息相关。例如，休闲椅与野外餐桌都是户外家具，它们并不被期望于能够耐用得如同抽屉面板，也不可能与你希望可以留给子孙的灯台相提并论。

家具外形是否吸引人是一个分辨熟练工人与老板的重要因素。特别是随着人们生活水平的提高，人们更加注重美观的表现，优势甚至大于家具的耐久性原则，所以时尚美观的外观成为现代家具设计师最为重要的因素之一。

2. 设计定位

在进行家具设计时，产品定位非常关键，它包括企业的产品定位和产品市场定位，然后再确定设计从哪里开始着手。产品创新是关系一个企业生死存亡的大事，不只是设计了一件产品而已。家具设计定位与家具企业定位相对应地可以分为三大类。

(1) 新材料、新工艺、新结构的更新换代的产品设计。

(2) 同类产品中的差异化设计。

(3) 分市场需求空档的产品设计。

家具行业的领导企业是领导着市场主流流行趋势的企业，有着左右市场趋势的能力。这样的领导企业中的设计就应该是更新换代的产品设计，即使没有更新换代的新材料、新工艺、新结构，至少在设计产品上市的营销策划就该如此，对老的产品进行重新定位，以突出新产品各方面的优势。在领导企业的设计师要对国际上家具新材料、新工艺、新结构的发展动态了如指掌，并能结合国内市场特征形成自己的特色。只有这样的家具行业领导企业才有实力把设计创新概念化，并把概念化的设计用市场手段去宣传推广。同时把设计师品牌化。当然，如果能及时敏感地第一个把新材料、新工艺、新结构结合应用于设计实践中，那就是划时代的设计大师了。

3. 家具造型和工艺

要在造型上取得良好的效果，必须熟悉各种材料的性能、特点、加工工艺及成型方法，才能设计出最能体现材料特性的家具造型。构成造型的基础是造型要素和形式法则。造型要素有形体法则、色彩法则、质感法则等。形体法则主要有形体的组合、比例的运用、空间的处理、体量的协调、虚实的布局等；色彩法则主要有主色调的选择、色块的安排、色光的处理等；质感法则主要是材料质地和纹理的运用、反射和色泽的处理等。对某些装饰性强的家具还需考虑装饰法则，如装饰的题材选择、装饰的形式、装饰的布局等。形式法则是造型美学的基础，构成形式美的基本概念有统一与变化、对称与均衡、比例与尺度、联想与比拟等。家具造型形象必须同所处环境和文化修养相适应，同所处时代和地域产生共鸣，这样的家具，才能唤起人们美的感受。

工艺是制作家具的重要手段。工艺设计是使结构设计得以实现的基础。生产方式和工艺流程取决于工艺设计，它对组织生产起着重要的作用。工艺设计主要包括家具类型结构分析和技术条件确定、编制工艺卡片和工艺流程图两个方面。类型结构分析和技术条件的确定，首先分析家具产品的材料构成情况；其次分析该产品应采用哪种类型的生产手段。单件生产多选用通用设备组成的工艺流程；大量生产多选用生产能力很大的专用机床、自动机床、联合机床组成的单向流水线；批量生产(指定期更换和以成批形式投入生产)介于上述两类之间，尽可能采用专用机床、自动机床组成的流水线。最后根据结构装配图编制零、部件明细表，其中包括家具产品的型号、用途、外围尺寸和零部件尺寸、允许的公差、使用材料、五金配件、涂饰及胶料种类以及装配质量、技术条件、产品包装要求等。

4. 家具人体工程学尺寸

人体工程学是一门研究人在某种工作环境中的解剖学、生理学、心理学等方面的各种因素；研究人和机器及环境的相互作用；研究人在工作中、家庭生活中和休假时怎样统一考虑工作效率、人的健康、安全和舒适等问题的科学。自 2003 年以来，人体工程学联系到室内设计，其含义为：以人为主体，运用人体计测、生理、心理计测等手段和方法，研究人体结构功能、心理、力学等方面与室内环境之间的合理协调关系，以适合人的身心活动要求，取得最佳的使用效能，其目标应是安全、健康、高效能和舒适。人体工程学与有关学科以及人体工程学中人、室内环境和设施的相互关系。

提起人体工程学就要牵扯到人体之间的常用尺寸，比如肘部高度、挺直坐高、种族差异、身高、正常坐高、眼高、肩高、两肘宽、肘高、膝盖高度、膝腿部长度、膝盖长度、足尖长度、垂直手握高度、侧向手握距离、向前手握距离、肢体活动范围、人体活动空间、姿态变换、视野、视力、噪声、触觉、个人空间等要素。通过研究人体基础数据和人体构造来打造符合人们最佳舒适度的标准尺寸。家具设计的人体工程学尺寸参考如下，单位为 cm。

- 衣橱：深度一般 60～65；推拉门：70，衣橱门宽度 40～65。
- 推拉门：宽度 75～150；高度 190～240。
- 矮柜：深度 35～45；柜门宽度 30～60。
  - 电视柜：深度 45～60；高度 60～70。
  - 单人床：宽度 90、105、120；长度 180、186、200、210。
  - 双人床：宽度 135、150、180；长度 180、186、200、210。
  - 圆床：直径 186，210，240(常用)。
  - 室内门：宽度 80～95；高度 190、200、210、220、240。
  - 厕所、厨房门：宽度 80、90；高度 190、200、210。
  - 沙发：单人式：长度 80～95；深度 85～90；坐垫高 35～42；背高 70～90。
  - 双人式：长度 126～150；深度 80～90。
  - 三人式：长度 175～196；深度 80～90。
  - 四人式：长度 232～252；深度 80～90。
  - 茶几：小型长方形，长度 60～75，宽度 45～60，高度 38～50(38 最佳)。
  - 中型长方形长度 120～135；宽度 38～50 或者 60～75。

- ◆ 正方形长度 75～90，高度 43～50。
- ◆ 大型长方形：长度 150～180；宽度 60～80；高度 33～42(33 最佳)。
- ◆ 圆形，直径 75、90、105、120；高度 33～42。
- ◆ 方形，宽度 90、105、120、135，150；高度 33～42。
- ● 书桌：固定式：深度 45～70(60 最佳)，高度 75。活动式：深度 65～80，高度 75～78。
- ● 书桌下缘离地至少 58；长度最少 90(150～180 最佳)。
  - ◆ 餐桌：高度 75～78(一般)，西式高度 68～72，一般方桌宽度 120、90、75。
  - ◆ 长方桌：宽度 80、90、105、120；长度 150、165、180、210、240。
  - ◆ 圆桌：直径 90、120、135、150、180。
- ● 书架：深度 25～40(每一格)，长度：60～120；下大上小型下方深度 35～45，高度 80～90。

5. 家具设计色彩搭配

家具设计时除了以上要素外，还有一个重要的考虑因素就是色彩搭配。色彩搭配要注意以下几点。

(1) 色调配色：指具有某种相同性质(冷暖调、明度、艳度)的色彩搭配在一起，色相越全越好，最少也要 3 种色相以上。比如，同等明度的红、黄、蓝搭配在一起。大自然的彩虹就是很好的色调配色。

(2) 近似配色：选择相邻或相近的色相进行搭配。这种配色因为含有三原色中某一共同的颜色，所以很协调。因为色相接近，所以也比较稳定，如果是单一色相的浓淡搭配则称为同色系配色。比如，紫配绿、紫配橙、绿配橙。

(3) 渐进配色：按色相、明度、艳度三要素之一的程度高低依次排列颜色。特点是即使色调沉稳，也很醒目，尤其是色相和明度的渐进配色。彩虹既是色调配色，也属于渐进配色。

(4) 对比配色：用色相、明度或艳度的反差进行搭配，有鲜明的强弱。其中，明度的对比给人明快清晰的印象，可以说只要有明度上的对比，配色就不会太失败。比如，红配绿、黄配紫、蓝配橙。

(5) 单重点配色：让两种颜色形成面积的大反差。"万绿丛中一点红"就是一种单重点配色。其实，单重点配色也是一种对比，相当于一种颜色做底色，另一种颜色做图形。

(6) 分隔式配色：如果两种颜色比较接近，看上去不分明，可以靠对比色加在两种颜色之间，增加强度，整体效果就会很协调了。最简单的加入色是无色系的颜色和米色等中性色。

(7) 夜配色：严格来讲这不算是真正的配色技巧，但很有用。高明度或鲜亮的冷色与低明度的暖色配在一起，称为夜配色或影配色。它的特点是神秘、遥远，充满异国情调、民族风情。比如，翡翠松石绿配黑棕。

1.4 不同时期及地域的家具特点

1. 汉代家具

秦汉时期中国处于一个大一统的时期，当时人们的起居方式多是席地而坐，室内的家具陈设基本延续了春秋战国时期的席、床、榻、几、案的组合格局。汉代的案，式样很多，用途也很广泛，有进食用的食案，也有读书用的书案，以及放置物品的案。食案中有方有圆，案腿也有高低及形式的不同变化。食案的共同点就是案面大都有拦水线(高出案面的沿)，这是为了防止杯盘倒斜，流汁溢出。写字和放置物品的案，大都是平台案，没有拦水线，如图 1-10 所示。

2. 唐代家具

唐代家具产生于隋唐五代时期，由于垂足而坐成为一种趋势，如椅、凳、桌等，在上层社会中非常流行。

唐代家具，具有高挑、细腻、温雅的特点，以木质家具居多。唐代家具的造型和装饰风格与博大旺盛的大唐国风一脉相承。唐代家具的造型浑圆、丰满，装饰清新、华丽，一改前朝的古朴之风，呈现出一代华贵气派。唐代家具的另一特点是新兴的月牙凳和承袭前代的腰鼓形墩备受青睐。如图 1-11 所示为唐代家具。

图 1-10　汉代家具

图 1-11　唐代家具

3. 元代家具

元代家具与宋代家具在风格上有着明显的差异。蒙古草原的游牧文化向来崇尚豪放不羁的生活方式和繁复华美的视觉感受，这些与宋代迥异的社会背景和文化观念，在一定程度上对宋式家具造成了冲击和改进。

元代风格家具上的雕刻，往往构图丰满、形象生动、刀法有力。常用厚料做成高浮雕动物花卉嵌于框架之中，给人以凹凸起伏的动感和力度。

元代家具大致的特点为罗锅枨的成熟与广泛应用、喜用曲线造型、倭角线形的大量应用、云头转珠图案的盛行、较大的形体尺度、富丽的雕刻风格。如图 1-12 所示为元代家具。

图 1-12　元代家具

4. 明代家具

明式家具着重一个"式"字，不管制作于明代或明代以后，也不论贵重材质还是一般材质，只要具有明代家具风格，皆称之"明式家具"。明代至清代前期诞生很多材美工良、造型优美的家具。

明代家具的风格特点，细细分析有以下四点。

(1) 造型简练、以线为主。严格的比例关系是家具造型的基础。明代家具的局部与局部的比例、装饰与整体形态的比例，都极为匀称而协调。其各个部件的线条，均呈挺拔秀丽之势。刚柔相济，线条挺而不僵、柔而不弱，表现出简练、质朴、典雅、大方之美。

(2) 结构严谨、做工精细。明代家具的榫卯结构，极富有科学性。不用钉子少用胶，不受自然条件的潮湿或干燥的影响，制作上采用攒边等做法。在跨度较大的局部之间，镶以牙板、牙条、券口、圈口、矮老、霸王枨、罗锅枨、卡子花等，既美观，又加强了牢固性。明代家具的结构设计是科学和艺术的极好结合。

(3) 装饰适度、繁简相宜。明代家具的装饰手法可以说是多种多样，雕、镂、嵌、描都为所用。装饰用材也很广泛，珐琅、螺钿、竹、牙、玉、石等，样样不拒。但是，绝不贪多堆砌，也不曲意雕琢，而是根据整体要求，做恰如其分的局部装饰。如椅子背板上，做小面积的透雕或镶嵌，在桌案的局部，施以矮老或卡子花等。虽然已经施以装饰，但整体看，仍不失朴素与清秀的本色；可谓适宜得体、锦上添花。明式家具纹饰题材最突出的特点是大量采用带有吉祥寓意的母题，如方胜、盘长、万字、如意、云头、龟背、曲尺、连环等纹饰，与清式家具相比，明式家具纹饰题材的寓意大都比较雅逸，更增强了明式家具的高雅气质。

(4) 木材坚硬、纹理优美。明代家具的木材纹理，自然优美，呈现出羽毛兽面等朦胧形象，令人有不尽的遐想。充分利用木材的纹理优势，发挥硬木材料本身的自然美，这是明代硬木家具的又一突出特点。明代硬木家具用材，多数为黄花梨、紫檀等。这些高级硬木，都具有色调和纹理的自然美。工匠们在制作时，除了精工细作外，同时不加漆饰，不做大面积装饰，充分发挥、充分利用木材本身的色调、纹理的特长，形成自己特有的审美趣味，形成自己的独特风格。

如图1-13所示为明代家具。

明式家具的产生和发展，主要的地域范围在以苏州为中心的江南地区，这一地区的明式家具持续着鲜明独特的风格，这种风格鲜明的江南家具，得到广泛喜爱，人们把苏式家具看成是明式家具的正宗，也称它为"苏式家具"，或称"苏做"。

5. 清代家具

清代家具，无论是工艺水平还是工匠的技艺，都还是明代的延续。在用材上，特别是宫廷家具，常用色泽深、质地密、纹理细的珍贵硬木，其中以紫檀木为首选，为了保证外观色泽纹理的一致和坚固牢靠，有的家具采用一木连做，而不用小材料拼接。

清代家具的特点如下。

(1) 造型上浑厚、庄重。突出用料宽绰、尺寸加大、体态丰硕。清代太师椅的造型，最能体现清式风格特点。后背饱满，椅腿粗壮。整体造型像宝座一样雄伟、庄重。

(2) 装饰上求多、求满、富贵、华丽。多种材料并用，多种工艺结合。甚而在一件家具上，也用多种手段和多种材料。雕、嵌、描金兼取，螺钿、木石并用。但是，过分追求装饰，往往使人感到透不过气来，有时忽视使用功能，不免有争奇斗富之嫌。尤其到了晚期，达到高峰。可以说，任何一个画面，任何一个图案的组合，都必含有吉祥、富贵的寓意。采用象征、寓意、谐音、比拟等方法，创造出许多富有生活气息的吉祥图案。如图 1-14 所示为清代家具。

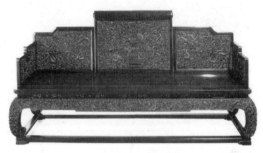

图 1-13　明代家具　　　　　　　　　　　　　图 1-14　清代家具

以上不同时期的家具可以统称中国古典家具。除了古典家具外，还有地中海风格家具、田园风格家具、美式风格家具、欧式风格家具、日式风格家具、现代简约风格家具等。地中海风格家具也就是人们常说的海洋风格，以白、灰、天蓝色为主色，体现海天一色，宽广的情怀。田园风格的家居装饰，以其清新自然、返璞归真的特点越来越受年轻人的崇尚与追捧。欧式风格家具是欧式古典风格装修的重要元素，以意大利、法国和西班牙风格的家具为主要代表。其延续了 17 世纪至 19 世纪皇室贵族家具的特点，讲究手工精细的裁切雕刻。日式风格家具装饰以方形方格几何图形为主，使用木推拉门、落地窗。现代简约、家具空间造型较为简洁，但不失时尚，以直线为主，一般为独具创意的非对称设计，风格淡雅、简朴、明快，重视室内空间的实用功能。如图 1-15～图 1-18 所示的分别为不同风格的家具。

图 1-15　地中海风格家具　　　　　　　　　　图 1-16　田园风格家具

图 1-17 欧式风格家具

图 1-18 现代简约风格家具

1.5 制作之前软件基本设置

前面介绍了家具各种风格和不同时期的家具特点以及设计的基础知识，接下来看一下家具模型制作之前的一些软件基础设置，这在以后的制作过程中非常重要。

在学习制作家具模型之前先来了解和设置一下 3ds Max 软件。首次安装打开 3ds Max 2015 软件时的初始界面如图 1-19 所示。

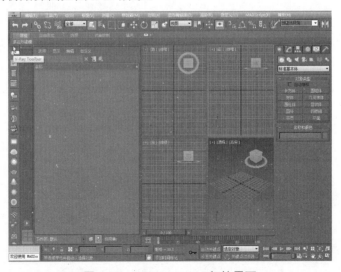

图 1-19 3ds Max 2015 初始界面

图 1-19 中软件最左侧部分按钮是在安装了 VRay 渲染器之后的 VRay 工具栏，如果没有安装 VRay 渲染器是没有该工具栏的。紧挨着的左侧部分为 3ds Max 2015 版本新增加的场景文件管理区域，可以拖动上边框进行拖动关闭。

3ds Max 2015 默认的启动界面是黑色的，但是为了录制视频的需要我们还是将界面颜色设置为之前的灰色。单击"自定义"菜单，在其下拉菜单中单击加载自定义用户界面方案，如图 1-20 所示。然后找到 3ds Max 的安装目录\Program Files\Autodesk\3ds Max 2025\zh-

CN\UI，双击 ame-light 图标，此时 3ds Max 颜色发生了改变，在弹出的加载自定义用户界面方案对话框中单击"确定"按钮，如图 1-21 所示。3ds Max 在下次启动时就默认为灰色的界面，如图 1-22 所示。

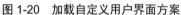

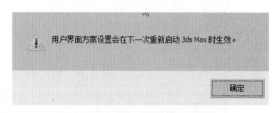

图 1-20　加载自定义用户界面方案　　　　　图 1-21　确定用户界面方案设置

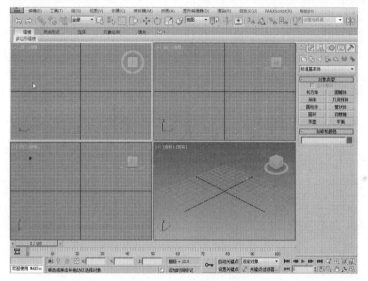

图 1-22　灰色界面效果

更改完界面后，接着来设置一下 Viewcube，该功能可以在各个视图中快速切换视图显示。如图 1-23 所示中视图右上角方框内的按钮。

该功能虽然方便，但是在制作模型时会经常将其误操作，所以此处建议修改一下它的显示方式。右击这 4 个按钮中的其中一个，在弹出的快捷菜单中选择"配置"命令，弹出"视口配置"对话框，在 ViewCube 选项卡中选中"仅在活动视图中"单选按钮，"ViewCube 大小"选择为"小"选项，"非活动不透明度"选择为 25%，如图 1-24 所示。设定好之后视图中就只有被激活的视图才显示该按钮。

快捷键的设置：本书中用到最多的就是多边形建模，该建模过程中经常用到模型的细分显示切换，但是该功能系统默认本身是没有快捷键的，所以这里需要手动设置一下。在"自定义"菜单中选择"自定义用户界面"命令，弹出"自定义用户界面"对话框，在"键盘"

选项卡中选择"类型"为 Editable Polygon Object 选项，在其下拉列表框中选择"NURMS 切换(多边形)"选项，在右侧的"热键"文本框中输入"Ctrl+Q"，单击"指定"按钮，这样就设置了多边形的细分切换快捷键，如图 1-25 所示。接下来看一下应该如何使用。

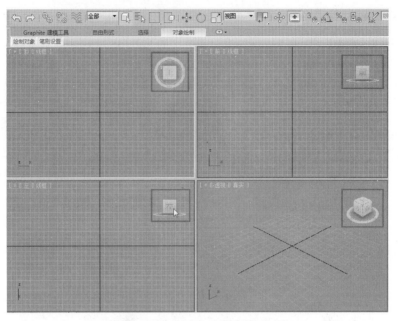

图 1-23　快速切换视图按钮

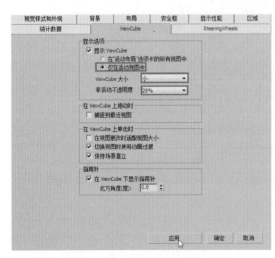

图 1-24　ViewCube 设置

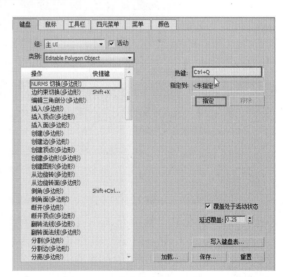

图 1-25　快捷键设置

在视图中创建一个长方体模型，右击，在弹出的快捷菜单中选择"转换为"|"转换为可编辑的多边形物体"命令，在弹出的参数面板中设置"迭代次数"值为 2，如图 1-26 所示。

Ctrl+Q 快捷键的作用效果其实也就是选中了右侧的"迭代次数"开关。通过快捷键可以大大提高工作效率。

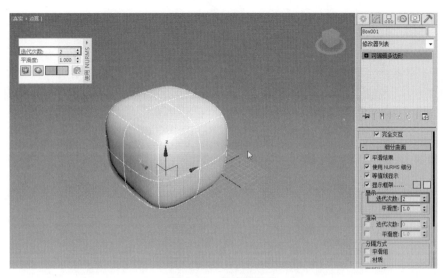

图 1-26　多边形细分

选择物体边面显示快捷键的设置：当模型场景文件较多时如果以边面显示快捷键为 F4，场景中所有模型均会以边面模式显示，这样非常占用系统资源。所以在必要的情况下只需所选物体以边面显示，那么该如何设置呢？在"自定义"菜单中选择"自定义用户界面"命令，弹出"自定义用户界面"对话框，在"键盘"选项卡中选择"类别"为 Views 选项，然后在其下拉列表框中选择"以边面模式显示选定对象"选项，在右侧的"热键"文本框中输入"Shift+Ctrl+F4"键，单击"指定"按钮，这样就指定了 Shift+Ctrl+F4 快捷键为选择物体以边面显示的快捷键，如图 1-27 所示。

在视图中创建几个茶壶物体，按 F4 键，效果如图 1-28 所示。

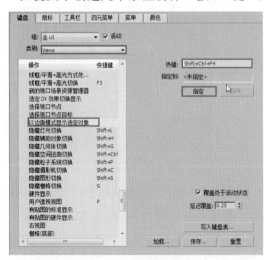

图 1-27　快捷键设置　　　　　　　　　　图 1-28　物体的边框显示

再次按 F4 键先关闭物体的边框显示，按 Shift+Ctrl+F4 快捷键，选择其中任意一个茶壶，此时显示效果如图 1-29 所示。

图 1-29　选择物体的边框显示效果

1.6　多边形建模光滑硬边处理方法

上一节介绍了软件的基本设置，接下来将介绍一下多边形建模基础。本书后面的章节中要大量用到多边形建模，所以在这里非常有必要讲解一下多边形建模的原理。

（1）在视图中创建一个面片，然后右击选择转换为可编辑的多边形命令，按 4 键进入"面"级别，单击"插入"按钮，在面上单击并拖曳鼠标向内插入一个新的面，然后按 Delete 键删除该面，如图 1-30 和图 1-31 所示。

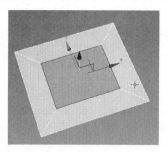

图 1-30　插入面

图 1-31　删除面

（2）按 3 键进入"边界"级别，框选外部和内部的边界，按住 Shift 键向下拖动复制出新的面如图 1-32 所示。按 Ctrl+Q 快捷键细分光滑该物体，将细分值设置为 3，效果如图 1-33 所示。

（3）此时发现模型在细分后由原来的方形变成了圆形的效果，但如果希望模型保持之前的方形又想得到一个比较光滑的边缘怎么办呢？这就牵扯到分段的问题。框选两侧的边，单击"连接"右侧的□按钮，在弹出的连接边参数设置分段数为 2，然后将线段向两边靠拢，如图 1-34 和图 1-35 所示。

再次按 Ctrl+Q 快捷键细分光滑该物体，效果如图 1-36 所示。

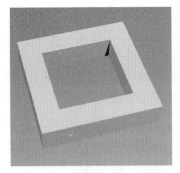

图 1-32　边界线向下挤出面

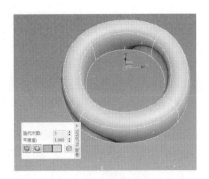

图 1-33　细分三级效果

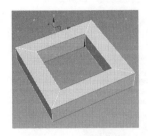

图 1-34　选择线段

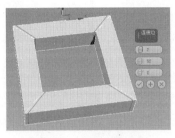

图 1-35　线段加线效果

图 1-36　细分光滑后的效果

（4）用同样的方法框选左右两侧的边，在两端的位置加线。为了便于观察加线之后的效果对比，将该物体向右复制 2 个。选择第二个物体，然后单击高度的一条线段，单击"环形"按钮，这样就快速地选择了高度上所有的线段，在外侧的线段上靠近上端的位置加线。将第三个物体的内侧和外侧高度上的线段都进行加线处理，然后分别进行细分，效果对比如图 1-37 所示。

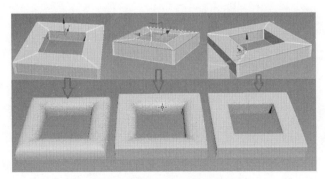

图 1-37　不同位置加线细分效果对比

（5）从图 1-37 中可以很明显地观察到它们之间的区别，第一个模型在高度上没有进行加线，细分后边缘过渡弧度大；第二个模型只在外侧靠近上方面的地方进行了加线，细分后外侧的边缘保持了之前类似 90° 的拐角但又有一个很小的边缘过渡效果；第三个模型在外侧和内侧都进行了加线处理，细分后内外边缘都出现了一个很好的光滑过渡棱角效果。所以，通过这个原理就明白了那些光滑的棱角的制作方法。要使边缘棱角更加尖锐，加线的位置就让它更靠近边缘；如果想使边缘过渡更加缓和，加线的位置就应远离边缘位置，如图 1-38 所示。

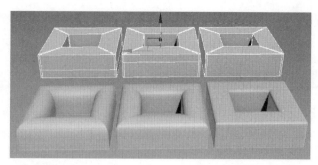

图 1-38　高度上不同加线位置细分效果对比

掌握了加线的原理之后，接下来更加深入地学习一下多边形建模的原理和应用。

step 01　单击 ✳(创建) | ◯(几何体下) | "管状体"按钮，然后在视图中单击并拖动鼠标左键创建一个圆管物体，设置高度分段数为 1，如图 1-39 所示。

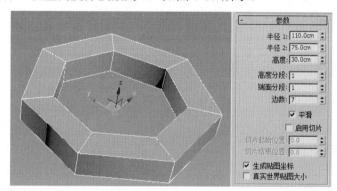

图 1-39　创建管状体模型

step 02　选择该物体右击，在弹出的快捷菜单中选择"转换为" | "转换为可编辑多边形"命令，将模型转换为可编辑的多边形物体。切换到前视图，按 1 键进入"点"级别，框选底部的所有点，如图 1-40 所示。按 Delete 键删除，如图 1-41 所示。删除点后的模型效果如图 1-42 所示。

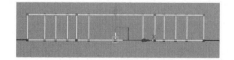

图 1-40　框选底部所有点

图 1-41　删除底部点

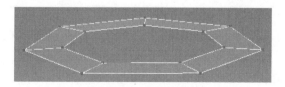

图 1-42　删除点后的模型效果

step 03　切换到顶视图，按住 Shift 键移动复制物体，如图 1-43 所示。单击"附加"按钮，在视图中单击拾取要附加的物体，将这 3 个物体附加成一个物体，如图 1-44 所示。

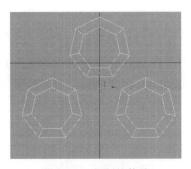

图 1-43　复制的物体

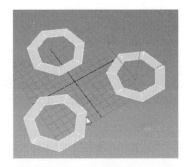

图 1-44　附加物体

step 04　按 5 键进入"元素"级别，适当地将下方的两个物体旋转，选择如图 1-45 所示的边，单击"桥"按钮，使其中间自动连接生成新的面，如图 1-46 所示。

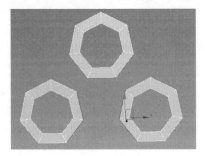

图 1-45　选择边

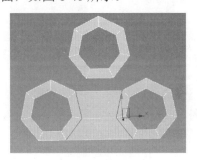

图 1-46　边的桥接

step 05　选择如图 1-47 所示的线段，按 Ctrl+Shift+E 快捷键在中间添加一个线段，并将上方地物体适当地旋转并调整到合适的位置，如图 1-48 所示。单击"目标焊接"按钮，将如图 1-49 所示的点焊接到上方的点上。

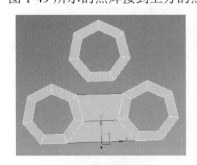

图 1-47　选择线段

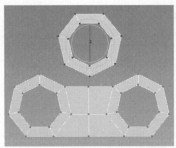

图 1-48　选择并调整上方物体

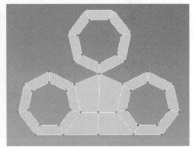

图 1-49　点的目标焊接

用"桥"工具桥接出如图 1-50 所示中的面，然后在"边"级别下将顶部的线段添加分段并调整点的位置，框选右侧对称的点，按 Delete 键删除一半，如图 1-51 所示。

step 06　选择顶部左侧的一条边，按住 shift 键配合移动工具挤出面并调整，如图 1-52 所示。选择对应的边，单击"桥"按钮使对应的边中间生成面，如图 1-53 所示。选择底部的边，按住 Shift 键向下挤出如图 1-54 所示。然后选择边并使用缩放工具多次沿着一个轴向缩放，使边缩放笔直，如图 1-55 所示。

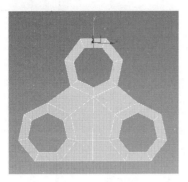

图 1-50　桥接面

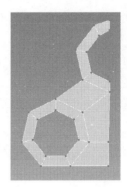

图 1-51　删除右侧一半模型

图 1-52　边的挤出调整

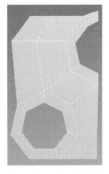

图 1-53　边的桥接

图 1-54　向下挤出边

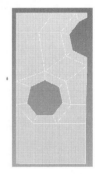

图 1-55　将边缩放笔直

step 07　在 (层次)面板中单击"仅影响轴"按钮，将模型的轴心调整到右侧的边缘，如图 1-56 所示。

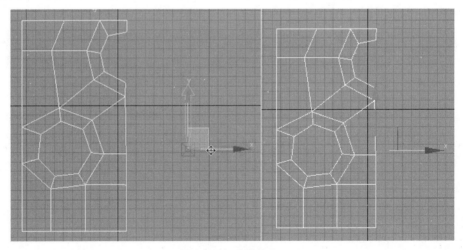

图 1-56　调整轴心

step 08　进入 (修改)面板，在其下拉列表中选择"对称"修改器，该命令会自动将另一半的模型对称出来。如果出现如图 1-57 所示的情况，只需勾选"翻转"复选框即可，效果如图 1-58 所示。

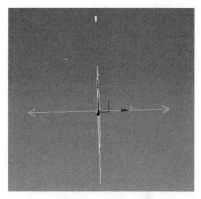

图 1-57   添加"对称"修改器后的效果

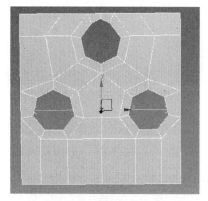

图 1-58   翻转后的效果

在添加了"对称"修改器之后，如果发现原始的物体需要重新修改，可以继续回到编辑多边形子级进行点、线、面的调整，此时对称效果在视图中的显示将消失，如图 1-59 所示。如果想进入到可编辑多边形子级修改模型，又希望显示对称之后的模型效果的话，只需单击 ⏮ ⅱ ⊘ ⊡ 中的 ⅱ (显示最终结果开/关切换)按钮即可。

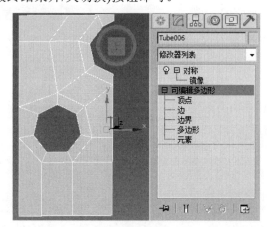

图 1-59   返回到可编辑多边形级别时对称消失

在修改器列表中单击"对称"前面的+号可以展开子级显示，选择"镜像"可以调节物体的对称中心，参数中的"阈值"可以控制点的自动焊接的距离大小。该值不要调得太大，也不要为 0，这样能保证使对称轴中心的点能焊接在一起而又不会将其他的点焊接在一起。

step 09   要想继续修改编辑该模型，可以右击再次转换为可编辑的多边形物体，也可以在修改器下拉列表中添加"编辑多边形"继续进行修改编辑。按 3 键进入"边界"级别，框选图中的边界，按住 Shift 键向下拖动复制出新的面，如图 1-60 所示。然后单击"封口"按钮，将洞口封上，如图 1-61 所示。

选择刚刚封口的面，单击"倒角"右侧的 ▫ 按钮，将基础的高度值设置为 0，缩放值设置为-30 左右，效果如图 1-62 所示。单击 ⊕ 按钮，将缩放值设置为 0，高度值设置为 30 左右；再次单击 ⊕ 按钮，将该面的高度值设置为 0，向内缩放挤出新的面，效果如图 1-63所示。

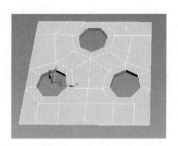

图 1-60 边界线向下挤出效果

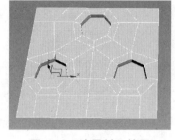

图 1-61 边界封口效果

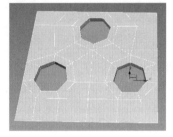

图 1-62 面的倒角

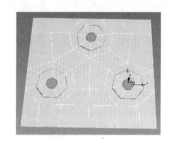

图 1-63 面的倒角效果

step 10 ▶ 选择四周的边，按住 Shift 键向下挤出新的面，如图 1-64 所示。然后在修改器下拉列表中选择"涡轮平滑"修改器，设置"迭代次数"为 2，该参数值越大，细分次数越多，面数也就成倍地增加，但细分效果就会越好。此值建议设置在 1～3。效果如图 1-65 所示。

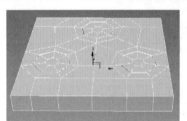

图 1-64 挤出面

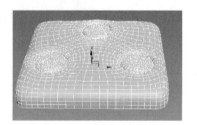

图 1-65 涡轮平滑效果

step 11 ▶ 单击 🔒 按钮，删除"涡轮平滑"修改器，在边缘位置加线，如图 1-66 所示。中间有些点可以用目标焊接工具将它们焊接成一个点，如图 1-67 所示。

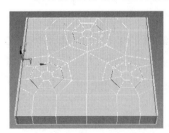

图 1-66 在边缘位置加线

图 1-67 点的目标焊接

step 12 ▶ 右击，在弹出的快捷菜单中选择"转换为"｜"转换为可编辑多边形"命令，这样可以快速将所添加的修改器全部一次性塌陷为多边形。按 Ctrl+Q 快捷键细分光滑显示该模型效果，如图 1-68 所示。细分后可以发现，圆形位置边缘及四边边缘位置圆角过大，如果希望得到一个光滑的硬边棱角效果，可以对圆形边缘切线处理，如图 1-69 所示。同时，在四周顶部边缘位置加线。最后的细分效果如图 1-70 所示。

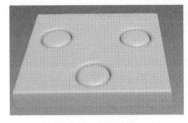

图 1-68　细分效果

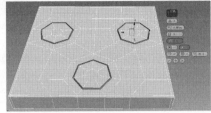

图 1-69　边的切线处理

图 1-70　最终细分效果

　　通过上面实例的学习，了解了多边形建模的基本原理和建模调整方法，这对以后建模的掌握可以说起到至关重要的作用。只要了解了多边形建模的原理和处理方法，任何复杂的模型都可以通过该方法实现。

第2章

客厅家具设计

本章主要介绍客厅类家具的制作，客厅类家具是家具设计中比较重要的一部分。当今的客厅家具设计，其实是设计一种新的生活、工作、休闲与娱乐的方式。人们讲究客厅家具的色调与居室装修协调，同时能体现主人的性情和爱好。客厅家具的设计应注重"以人为本"的功能需求，有 80%的群体认为家具应注重舒适实用，客厅家具的"时装化"引起了业界的关注，而不赶时髦，追求个性是现代客厅的概念，是从"跟从型"消费转向"理智型"消费的具体表现。

本章主要从沙发、茶几、边几、角几、电视柜、地柜、鞋柜、花架、CD 架、装饰柜等几个方面来讲解客厅类家具的设计与制作方法。

实例 01 制作沙发

沙发已是许多家庭必需的家具。市场上销售的沙发一般有低背沙发、高背沙发和介于前两者之间的普通沙发。

按用料分类，可以分为皮沙发、面料沙发(其实是布艺沙发)、曲木沙发和藤制沙发。

按风格分类，可以分为美式沙发、日式沙发、中式沙发、欧式沙发和现代沙发。

按场所分类，可以分为民用沙发、办公沙发、休息会所沙发等。

目前，沙发风格可以分为中式沙发、欧式沙发、美式沙发、日式沙发。中式沙发强调冬暖夏凉、四季皆宜。欧式沙发线条简洁，适合现代家居，其特点是富于现代风格，色彩比较清雅、线条简洁，适合大多数家庭选用。这种沙发适用的范围也很广，置于各种风格的居室感觉都不错。美式沙发主要强调舒适性，让人坐在其中感觉像被温柔地环抱住一般，但占地较大。日式沙发强调自然、朴素，其最大的特点是呈栅栏状的木扶手和矮小的设计。这样的沙发最适合崇尚自然而朴素的居家风格的人士。

下面就来学习制作一个美式沙发。

 设计思路

根据美式中主要强调舒适性，让人坐在其中感觉像被温柔地环抱住一般的特点来设计制作一个皮质沙发。该实例中的美式沙发，根据场景的分析先来制作底部框架，然后制作出靠背，重点来表现一下皮质沙发上的褶皱处理。

效果剖析

本实例美式沙发的制作流程如下。

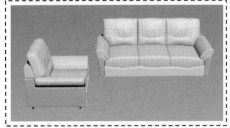

技术要点

本实例的美式沙发从风格出发，实用性和舒适性相结合，表现出美式沙发的高端、大气，所用到的技术要点如下。

- 创建长方体时参数中分段参数的控制。
- 多边形建模时加线的方法和注意事项。
- 多边形建模时细分后物体边缘圆角的控制。
- 镜像工具的使用。
- "对称"修改器的使用方法。
- 石墨建模工具栏中的部分工具使用。
- "弯曲"修改器的使用方法。

制作步骤

1．制作主体结构

主体结构主要包括沙发的坐垫下部支撑、靠背支撑等。本实例中主体结构的制作主要以多边形建模为主，下面就来学习一下模型的制作过程。

首先在制作模型之前来设置一下软件的系统单位。选择菜单"自定义"｜"单位设置"命令，在弹出的"单位设置"对话框中，将"公制"设置为"毫米"，如图 2-1 所示。

图 2-1　"单位设置"对话框

step 01　单击 ▓(创建)｜▓(几何体)｜"长方体"按钮，在视图中创建一个长方体。按 Alt+W 快捷键最大化视图显示，按 G 键取消网格显示。在视图中右击，弹出快捷菜单，选择"转换为"｜"转换为可编辑多边形"命令，将模型转换为可编辑的多边形物体。单击▓按钮进入"修改"命令面板，在参数区域中的"选择"卷展栏中可以看到 ▓▓▓▓▓▓ 图标，它们分别对应"点"级别、"线段"级别、"边界"级别、"面"级别和"元素"级别，进入每个级别可以单击对应的图标，也可以使用快捷键 1、2、3、4、5。

按 2 键进入"边"级别，框选如图 2-2 所示中的线段。右击，在弹出的快捷菜单中单击"连接"按钮前面的▓图标，在弹出的"连接"快捷参数面板中设置添加分段的边数为 5，如图 2-3 所示。

step 02　选择如图 2-4 所示的线段，沿 Z 轴适当向下移动调整，效果如图 2-5 所示。这样调整的目的是为了配合沙发垫的弧度设计。

框选如图 2-6 所示的线段，右击，在弹出的快捷菜单中单击"连接"按钮前面的▓图标，在弹出的"连接"快捷参数面板中设置添加分段的边数为 1，然后切换到▓(移动工具)沿 Y 轴向左侧适当调整位置，效果如图 2-7 所示。此处加线是为了下一步靠背框架面的挤出操作。

图 2-2　框选线段

图 2-3　设置边数

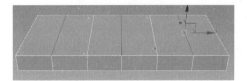

图 2-4　选择线段

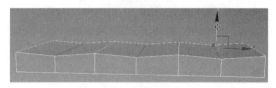

图 2-5　调整后的效果

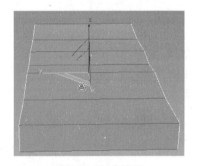

图 2-6　框选线段

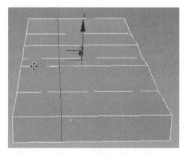

图 2-7　调整后的效果

step 03　按 4 键进入"面"级别，选择如图 2-8 所示的面。在"修改"命令面板中单击"编辑多边形"卷展栏中的"挤出"按钮后的 ▣ 按钮，在弹出的"挤出"快捷参数面板中设置挤出面的高度值为 530 左右。因为之前调整了线段的位置使其面有了凹凸变化，所以这里挤出的面并不平整，如何将挤出的面设置为平面呢？一是可以用 📷 "缩放"工具沿 Z 轴多次缩放；二是在"修改"命令面板中单击"平面化"按钮，效果如图 2-9 所示。

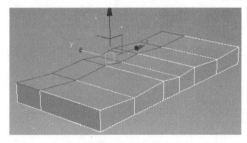

图 2-8　选择面

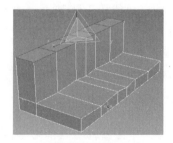

图 2-9　挤出面

移动靠背顶部前端的点和线段使其变窄一些，按 Ctrl+Q 快捷键细分光滑显示该模型，将"迭代次数"的值设置为 2，细分效果如图 2-10 所示。

step 04　再次按 Ctrl+Q 快捷键取消模型细分，选择如图 2-11 所示的线段，单击"环形"按钮快速选择该部位环形线段，按 Ctrl+Shift+E 快捷键加线，如图 2-12 所示。

在如图 2-13 所示的位置加线。此处加线的目的是为了约束拐角和边缘位置细分之后的角度。

图 2-10　细分光滑

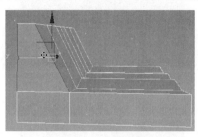

图 2-11　选择线段

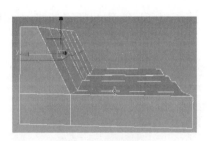

图 2-12　加线效果

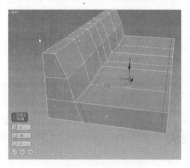

图 2-13　添加线段

这里特别需要注意 ▭ 86 ▭ 值的调整，增大该值所加的线段会向两边靠近，但前提是所加线的值必须大于 1 后才会起作用。按 Ctrl+Q 快捷键细分光滑显示该模型，效果如图 2-14 所示。

从图 2-14 中可以看到沙发两侧模型细分后边缘的部位圆角值过大，显得过于圆润，不是所需要的效果。出现这样的情况可以通过在模型边缘位置加线从而来控制模型细分后圆角值过大的问题。分别在两侧的位置加线，如图 2-15 和图 2-16 所示。

图 2-14　细分效果

图 2-15　左侧位置添加分段

再次按 Ctrl+Q 快捷键细分光滑显示该模型，效果如图 2-17 所示。边缘位置的圆角得到了很好的控制。

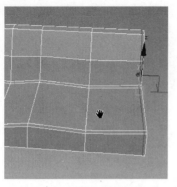

图 2-16　右侧位置添加分段

图 2-17　细分效果

step 05 选择沙发底部的线段，如图 2-18 所示。按 Ctrl+Shift+E 快捷键加线，如图 2-19 所示。

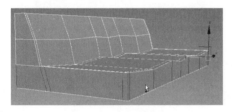

图 2-18　选择线段

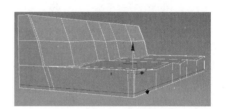

图 2-19　添加线段

 注意

　　使用 Ctrl+Shift+E 快捷键加线时需要注意一点，所加线段的个数和位置的参数会以最后一次调整的参数为准。如果需要重新调整加线的个数和位置，单击"连接"前面的■图标重新设置参数即可。

step 06 使用相同的方法在沙发的顶部位置加线，如图 2-20 所示。

step 07 在如图 2-21 所示的位置加线，选择底部的点或线段后使用 （移动工具)向下适当移动来调整沙发的比例。

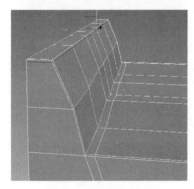

图 2-20　顶部位置加线

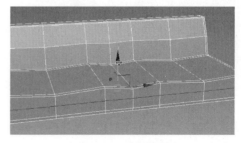

图 2-21　加线效果

　　选择如图 2-22 所示的线段，单击"切角"按钮后面的■图标，在弹出的"切角"快捷参数面板中设置切角的值为 14 左右，效果如图 2-23 所示。

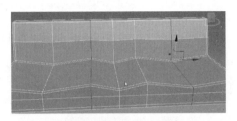

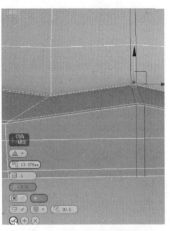

图 2-22　选择线段　　　　　　　　　　　　　　图 2-23　线段切角效果

2. 制作沙发两侧扶手模型

扶手模型主要为沙发扶手垫下部的支撑物体以及沙发腿，制作时只需要制作一侧的模型，另外一侧的模型直接复制即可。

step 01　单击 (创建)| (几何体)|"长方体"按钮，在视图中创建一个长方体，将该长方体移动到沙发的左端位置，右击，在弹出的快捷菜单中选择"转换为"|"转换为可编辑多边形"命令，将模型转换为可编辑的多边形物体，调整长方体顶端线段的位置，如图 2-24 所示。

step 02　分别在图 2-25 和图 2-26 所示的位置加线调整。按 4 键进入"面"级别，选择如图 2-27 所示的面，单击"挤出"按钮后面的 图标，在弹出的"挤出"快捷参数面板中设置挤出面的值为 100 左右，单击"确定"按钮，如图 2-28 所示。

  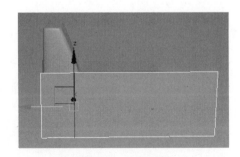

图 2-24　调整线段位置　　　　图 2-25　加线调整　　　　　　图 2-26　加线效果

使用 (缩放工具)，沿 Z 轴多次缩放使其面缩放在一个平面上，然后向上移动调整其位置。然后在如图 2-29 和图 2-30 所示的位置分别加线调整。

step 03　接着继续在如图 2-31～图 2-34 所示的位置加线调整。

图 2-27　选择面

图 2-28　挤出面

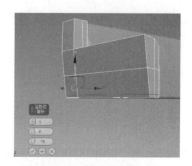

图 2-29　底部位置加线

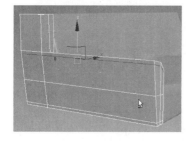

图 2-30　加线 1

图 2-31　加线 2

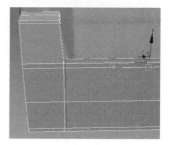

图 2-32　加线 3

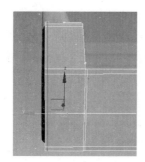

图 2-33　加线 4

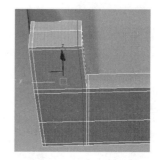

图 2-34　加线 5

 注意

此处加线同样是为了控制模型细分后的圆角问题。

按 1 键进入"点"级别，移动点来调整模型的形状，按 Ctrl+Q 快捷键细分光滑显示该模型，效果如图 2-35 所示。

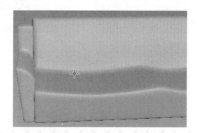

图 2-35　细分光滑效果

step 04 单击■(创建)｜◎(几何体)｜"圆柱体"按钮，在视图中创建一个圆柱体。单击 ■(修改)按钮进入"修改"命令面板，调整圆柱体的半径值为 20，高度值为 110，高度分段为 1，边数为 6。右击，在弹出的快捷菜单中选择"转换为"｜"转换为可编辑多边形"命令，将模型转换为可编辑的多边形物体。按 1 键进入"点"级别，选择顶部和底部前后两个点，按 Ctrl+Shift+E 快捷键在两点之间连接出线段，如图 2-36 和图 2-37 所示。

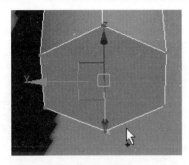

图 2-36　选择点

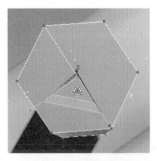

图 2-37　连接出线段

选择底部所有的点，使用■(缩放工具)沿 XY 轴方向进行缩小，按 2 键进入"线段"级别，在图 2-38 所示的位置加线。

按住 Shift 键移动该模型，此时会弹出"克隆选项"对话框，单击"确定"按钮即可，如图 2-39 所示。

图 2-38　顶部缩小并加线

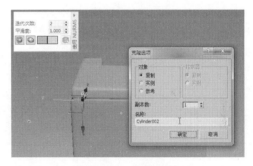

图 2-39　克隆复制

3. 制作坐垫和扶手垫模型

坐垫和扶手垫的制作是本节中比较重要的一部分，特别是两侧扶手垫模型在设计与制作时需要注意沙发皮质之间接缝处的凹痕处理。

step 01 单击■(创建)｜◎(几何体)｜"长方体"按钮，在视图中创建一个长方体，适当调整长、宽、高值以及分段数，右击，在弹出的快捷菜单中选择"转换为"｜"转换为可编辑多边形"命令，将模型转换为可编辑的多边形物体。

按 1 键进入"点"级别，调整点的位置来调整坐垫形状，然后在中间部位继续加线调整至如图 2-40 所示。

按 Ctrl+Q 快捷键细分光滑显示该模型后，发现坐垫底部边缘位置圆角过大，需要在底部的位置加线，如图 2-41 所示。

同理，在两侧的位置加线来约束细分之后边缘的角度，如图 2-42 和图 2-43 所示。

图 2-40　调整点

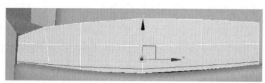

图 2-41　底部位置加线

图 2-42　左侧位置加线

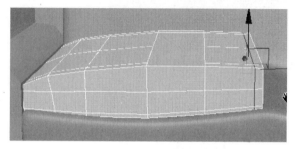

图 2-43　右侧位置加线

按 1 键进入"点"级别，调整坐垫形状，调整时注意沙发和坐垫之间的比例，如需调整可以用缩放工具对其适当缩放，调整后的效果如图 2-44 所示。

step 02　将调整好的坐垫模型沿 X 轴复制两个并调整位置，如图 2-45 所示。

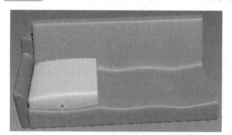

图 2-44　调整比例

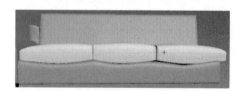

图 2-45　复制移动坐垫模型

从图 2-45 中观察得知，坐垫模型偏长，沙发模型偏短，此时要调整沙发和坐垫的比例大小。选择沙发模型，按 1 键进入"点"级别，框选右侧所有的点向右移动调整，调整后的细分效果如图 2-46 所示。

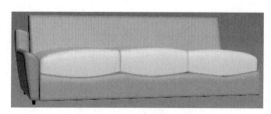

图 2-46　调整比例

step 03　单击 (创建)｜ (几何体)｜"长方体"按钮，在视图中创建一个长方体，参数如图 2-47 所示。

单击 按钮进入"修改"命令面板，在其下拉列表中选择"弯曲"修改器，然后在"参数"卷展栏中设置弯曲轴为 X 轴，设置弯曲角度为 34.0，如图 2-48 所示。

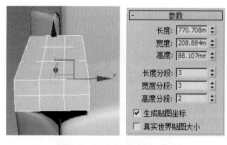

图 2-47　创建长方体

图 2-48　添加"弯曲"修改器

右击，在弹出的快捷菜单中选择"转换为"｜"转换为可编辑多边形"命令，将模型转换为可编辑的多边形物体，在前视图中调整点的位置如图 2-49 所示。

在扶手垫的前后两侧的边缘位置加线，按 Ctrl+Q 快捷键细分光滑显示该模型效果，如图 2-50 所示。

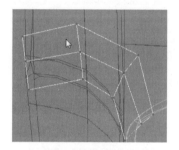

图 2-49　调整点

图 2-50　加线细分效果

step 04　按 Shift 键沿 Z 轴向上移动复制并用缩放工具调整其大小，如图 2-51 所示。

选择如图 2-52 所示中的线段，单击"挤出"按钮后面的□图标，在弹出的"挤出"快捷参数面板如图 2-53 所示。

图 2-51　复制调整大小

图 2-52　加线

　注意

除了"面"可以使用"挤出"工具外，线段也可以使用"挤出"工具来制作凸起或者凹陷的效果。

选择向内挤出的线段，单击"切角"按钮后面的□图标，在弹出的"切角"快捷参数面

板中设置切角的值为 4.5mm，如图 2-54 所示。

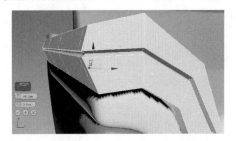

图 2-53　线段"挤出"调整

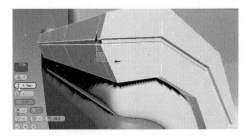

图 2-54　线段"切角"设置

选择如图 2-55 所示的圆圈中的一个线段，单击"环形"按钮快速选择一环的线段。

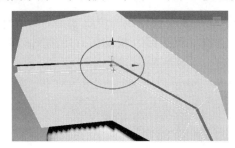

图 2-55　选择线段

右击，在弹出的快捷菜单中选择"转换到面"命令，此时会把当前选择的线段转换为面选择，如图 2-56 所示。

单击"倒角"按钮后面的 ▣ 图标，在弹出的"倒角"快捷参数面板中设置倒角的方式为局部法线的方式，如图 2-57 所示。

适当设置倒角值，按 Ctrl+Q 快捷键细分光滑显示该模型效果，如图 2-58 所示。

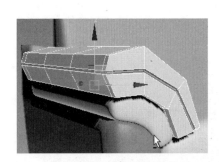

图 2-56　转换到面选择

图 2-57　设置"倒角"方式

图 2-58　细分效果

 注意

"倒角"方式分为三种，默认是以"组"方式进行挤出倒角，该方式所有挤出的面都是朝着一个方向挤出的；"局部法线"方式是以各个面的法线方向向外挤出面，挤出的所有面是一个整体；"按多边形"方式挤出的面虽然也是按照各个面的法线方向向外挤出面，但是它们挤出的各个面都是分别独立的，不是一个整体。

4．制作靠背

靠背模型制作是本节中的重点和难点，特别是类似皮质材质沙发褶皱的表现更需要细心和耐心去完成。接下来学习靠背的制作过程。

step 01 首先在前视图中创建一个长方体，长、宽、高的值暂时不用设置为某一个精确的值，因为后期还要根据模型整体比例进行调整，这里只需要注意将长度、宽度和高度分段数适当地设置一下，如图 2-59 所示。

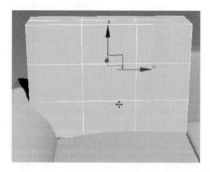

图 2-59 创建长方体

右击，在弹出的快捷菜单中选择"转换为"｜"转换为可编辑多边形"命令，将模型转换为可编辑的多边形物体，将厚度上中间一圈的线段适当向背部位置调整，细分效果如图 2-60 所示。

图 2-60 调整线段细分效果

step 02 给模型适当加线并调整左下角点的位置，如图 2-61 和图 2-62 所示。

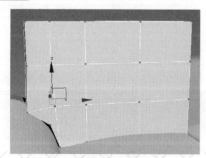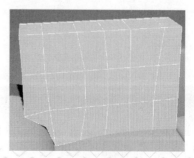

图 2-61 调整点   图 2-62 加线

在调整时也要注意靠背模型厚度的变化，调整的方法可以选择点进行移动，也可以选择面进行移动，调整效果如图 2-63 所示。按 Ctrl+Q 快捷键细分光滑显示该模型效果，如图 2-64 所示。

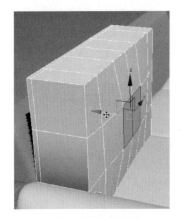

图 2-63　调整靠背厚度

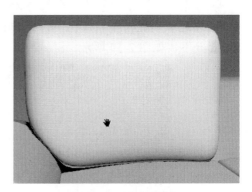

图 2-64　细分效果

选择如图 2-65 所示的点，按 Ctrl+Shift+E 快捷键在两点之间连接成线段，如图 2-66 所示。

图 2-65　选择点

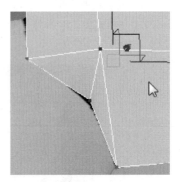

图 2-66　连接成线段

同时在下方位置和左侧位置加线处理，如图 2-67 和图 2-68 所示。

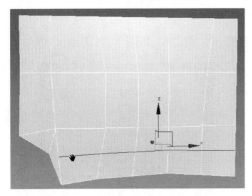

图 2-67　加线

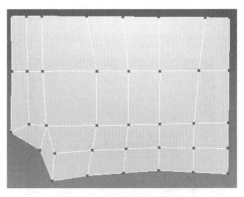

图 2-68　加线调整效果

step 03　在靠背厚度方向继续加线，同时调整四角位置线段，使其模型边缘薄、中心厚，调整细分效果如图 2-69 所示。

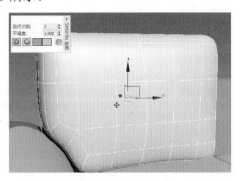

图 2-69　调整形状

细分后左下角拐角位置圆角值过大，需要更加尖锐，调整的方法是将拐角处的线段进行切角即可。首先选择拐角处的线段，如图 2-70 所示。单击"切角"按钮后面的□图标，在弹出的"切角"快捷参数面板中设置切角的值为 11mm 左右，如图 2-71 所示。

使用相同的方法处理底部拐角处。按 Ctrl+Q 快捷键细分光滑显示该模型效果，如图 2-72 所示。

图 2-70　选择线段

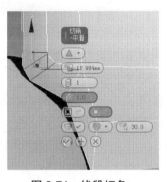

图 2-71　线段切角

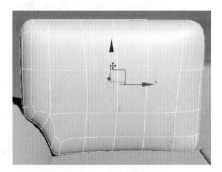

图 2-72　细分效果

对比图 2-69 和图 2-72 可以发现，拐角处模型在细分后圆角值得到了很好的控制。

step 04　在如图 2-73 所示的位置加线，加线后选择如图 2-74 所示圆圈中的点，按 Ctrl+Shift+E 快捷键连接出线段。之所以这样连接线段，是为了尽可能使模型成为四边面的缘故。

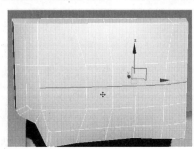

图 2-73　加线

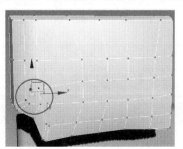

图 2-74　两点之间连接线段

继续加线调整，如图 2-75 和图 2-76 所示。

图 2-75　加线调整

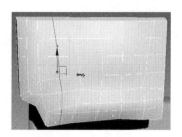

图 2-76　加线调整

step 05　选择如图 2-77 所示中的线段，单击"切角"按钮后面的◻图标，在弹出的"切角"快捷参数面板中设置切角的值为 3.0mm，如图 2-78 所示。

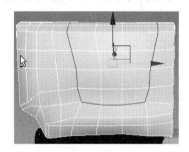

图 2-77　选择线段

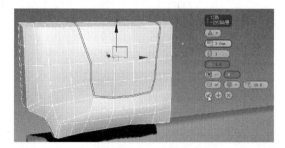

图 2-78　线段切角

选择切角内部的某一个线段，单击"环形"按钮快速选择环形线段，右击选择"转换到面"命令，这样就快速选择了如图 2-79 所示中的面。

单击"倒角"按钮后面的◻图标，在弹出的"倒角"快捷参数面板中设置倒角的方式为"局部法线"，设置挤出的深度和倒角值如图 2-80 所示。

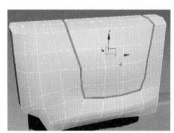

图 2-79　选择面

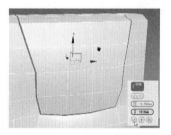

图 2-80　"面"向内倒角

 注意

　　拐角处的线段在经过"切角"处理后会有多余的点，需要单击"目标焊接"按钮，用"目标焊接"工具将多余的点和其他点进行焊接，如图 2-81～图 2-83 所示。

　　需要手动加线调整布线时，可以在模型上右击，在弹出的快捷菜单中选择"剪切"命令，然后对模型切线适当调整即可。在如图 2-84 所示的位置加线，然后进入"点"级别调整点的位置后，按 Ctrl+Q 快捷键细分光滑显示该模型效果，如图 2-85 所示。

图 2-81　线段切角效果

图 2-82　线段切角点

图 2-83　目标焊接点

图 2-84　加线

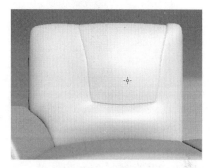
图 2-85　细分效果

step 06　接下来制作褶皱效果。右击，在弹出的快捷菜单中选择"剪切"命令，在模型上手动切线调整如图 2-86 所示。选择刚剪切的线段，单击"切角"按钮后面的□图标，在弹出的"切角"快捷参数面板中设置参数如图 2-87 所示。

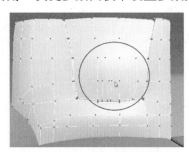
图 2-86　手动切线调整

图 2-87　线段切角

配合"剪切"工具和点的"目标焊接"工具，修改调整模型布线至如图 2-88 和图 2-89 所示。

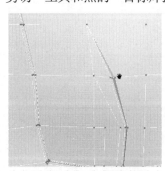
图 2-88　切线调整布线

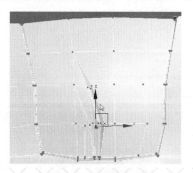
图 2-89　调整布线

按 Ctrl+Q 快捷键细分光滑显示该模型，按 Shift+Q 快捷键渲染效果如图 2-90 所示。

图 2-90　渲染效果

继续剪切调整布线过程如图 2-91～图 2-94 所示。

图 2-91　调整布线 1

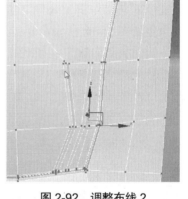

图 2-92　调整布线 2

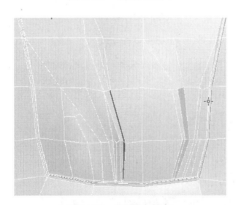

图 2-93　调整布线 3

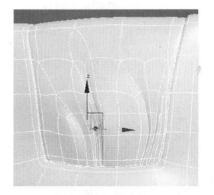

图 2-94　调整布线 4

在制作褶皱时需要时间慢慢调整，虽然这里比较复杂，但是记住一点，那就是哪里需要表现褶皱效果就在哪里切线，然后配合线段"挤出"、"切角"等工具将线段进行挤出或者切角处理，然后用移动工具把点或者线段向内移动形成凹槽效果，这样在细分后就会出现褶皱效果了。如图 2-95～图 2-97 所示。按 Ctrl+Q 快捷键细分光滑显示该模型效果，如图 2-98 所示。

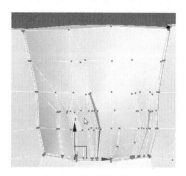

图 2-95　调整布线

图 2-96　线段挤出

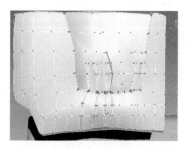

图 2-97　切线调整

图 2-98　细分效果

注意

如果褶皱效果太僵硬，可展开"绘制变形"卷展栏，单击"松弛"按钮，调整笔刷大小和笔刷强度值，然后在模型表面上绘制，这样就可以使模型表面进行松弛处理。

step 07 靠垫边缘褶皱的处理：在图 2-99 所示的位置加线，右击，在弹出的快捷菜单中选择"剪切"命令，对模型布线做适当调整，如图 2-100 所示。背部处理方法同样，除了手动剪切调整布线外，还有一个快捷的工具，就是石墨建模工具栏下的"循环"选项卡中的"构建末端"工具。选择要构建末端的线段，如图 2-101 所示。然后单击"构建末端"按钮，这样软件就会自动调整末端的布线，如图 2-102 所示。

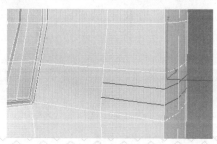

图 2-99　加线

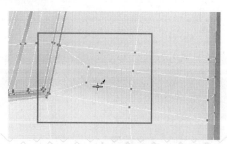

图 2-100　调整布线

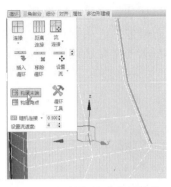

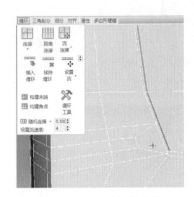

图 2-101　选择构建末端线段　　　　　　　图 2-102　自动调整布线

如果用户对石墨建模工具栏中的一些工具不是很熟悉，可将鼠标放置在对应的按钮上，会自动弹出该命令的功能说明，以便于对该工具的快速理解和掌握。

对刚才所加的线段做 X、Y、Z 轴上的位置移动调整形成凸起和凹陷的效果，如图 2-103 所示。

使用上面手动剪切的方法加线调整。注意在调整布线时，尽量使面保持为四边面。在调整过程中可以随时进行细分光滑，其效果如图 2-104 所示。

调整其他部位的褶皱效果后，最终效果如图 2-105 所示。

图 2-103　细分效果　　　　　图 2-104　细分效果　　　　　图 2-105　最终效果

step 08 将靠垫模型向下移动旋转调整好位置，选择沙发左侧腿部模型以及扶手和靠背模型，单击 ▓(镜像)按钮，在弹出的镜像对话框中选择 X 轴对称，克隆选项为"复制"，如图 2-106 所示。单击"确定"按钮，对称复制出另外一半模型，并调整好位置如图 2-107 所示。

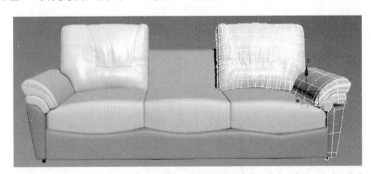

图 2-106　设置镜像　　　　　　　　图 2-107　模型镜像调整

选择其中一个靠背模型，按住 Shift 键移动复制，修改调整左下角模型形状，在调整的过程中会遇到需要删除"点"和"线"的情况，那么如何来删除线段呢？比如，需要删除图 2-108 所示的线段，选择该线段后只需按 Ctrl+Backspace 快捷键即可，如图 2-109 所示。

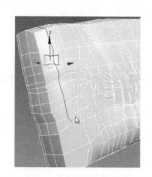

图 2-108　选择需要移除的线段

图 2-109　移除线段

如果想更加快捷地调整该模型，可以删除其一半模型。删除的方法就是进入"点"级别，选择需要删除部分的点，按 Delete 键删除即可，如图 2-110 所示。删除后选择对称中心处的边界线段，使用缩放工具沿 X 轴多次缩放使其缩放在一个平面之内，如图 2-111 和图 2-112 所示。

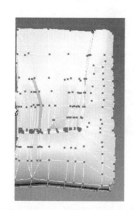

图 2-110　删除一半模型

图 2-111　选择对称轴线段

图 2-112　缩放线段

单击 按钮进入"修改"命令面板，在其下拉列表中添加"对称"修改器，效果如图 2-113 所示。

图 2-113　添加"对称"修改器的效果

通过"对称"修改器可以快速对称出另外一半模型，但是中间部位没有焊接在一起。在修改器列表框中单击"对称"前面的+号，展开其子级别，选择"镜像"选项，进入"镜像"子级别，在视图中移动对称中心的位置，这样就可以把对称出的另外一半模型和之前的模型焊接在一起，如图 2-114 所示。右击，在弹出的快捷菜单中选择"转换为" | "转换为可编辑多边形"命令，将模型转换为可编辑的多边形物体。单击"松弛"按钮，在模型表面上适当绘制使其更加平滑自然，如图 2-115 所示。

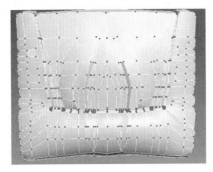

图 2-114　调整对称中心轴

图 2-115　松弛效果

移动旋转调整好该模型的位置，整体效果如图 2-116 所示。

图 2-116　整体效果

5. 制作单人沙发模型

为了增加沙发整体效果，在主沙发模型制作好之后，可以以此模型为基础进行复制修改成一个单人沙发。

step 01 选择制作好的沙发所有模型，按住 Shift 键旋转 90°复制，然后删除两边的坐垫和靠垫模型，如图 2-117 所示。

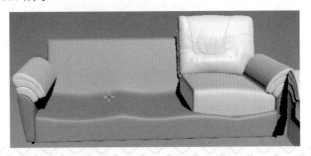

图 2-117　复制并删除部分模型

用缩放工具调整模型的比例，如图 2-118 所示。

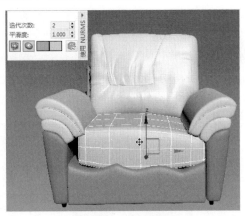

图 2-118　调整比例

step 02　选择靠垫模型，按 1 键进入"点"级别，删除左侧一半模型，如图 2-119 所示。使用缩放工具将其对称中心处的线段缩放在一个平面内，如图 2-120 所示。

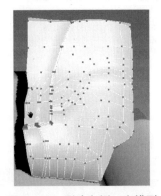

图 2-119　删除左侧一半模型

图 2-120　缩放对称轴中心处线段

在修改器下拉列表中添加"对称"修改器，模型出现如图 2-121 所示的形状。出现这样的情况处理方法很简单，只需要勾选"参数"卷展栏中的"翻转"复选框即可。效果如图 2-122 所示。

图 2-121　添加"对称"修改器

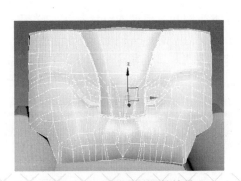

图 2-122　对称翻转调整效果

step 03　删除坐垫一半模型，用对称的方法对称出另外一半模型。注意"对称"修改器的"参数"卷展栏中的"阈值"选项，该选项比较重要。如果出现如图 2-123 所示中的情况，可以将"阈值"的值设置大一些，这样也可以达到将对称中心处的点进行焊接的目的，如图 2-124 所示。但是，如果该值调整过大，会出现将多个点焊接在一起的情况。所以，调整的方法是进入"对称"子级别，适当移动调整对称中心，然后将阈值调整到一个合适的值。

step 04　在缩放调整模型时还有一点需要注意，如果模型在经过旋转后想重新缩放调整模型大小时，在世界坐标轴中直接缩放调整的话，会将模型拉伸扭曲，如图 2-125 所示。

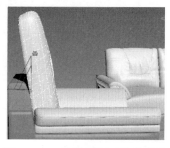

图 2-123　对称调整　　　　图 2-124　修改"阈值"参数效果　　　图 2-125　缩放模型时拉伸效果

该如何操作呢？首先单击工具栏中的"视图"按钮右侧的下三角按钮，在弹出的下拉列表中选择"局部"坐标轴，此时坐标轴会以当前自身模型为坐标轴，效果如图 2-126 所示。这样，在缩放时就不会出现扭曲现象了。

调整好的最终模型效果如图 2-127 所示。

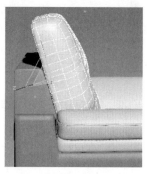

图 2-126　切换坐标轴方式　　　　　　　图 2-127　最终效果

通过本实例沙发模型的设计制作，学习了 3ds Max 软件中的多边形建模的一些常用命令和参数，还学习了对称、镜像等工具的使用。多边形建模是 3ds Max 中最为常用和最为重要的一种建模方式，其功能十分强大，在后期的实例制作中还会用到更多的命令，将逐一为用户讲解。

实例 02 制作茶几

茶几一般分为方形和矩形两种。通常情况下是两把椅子中间夹一茶几，用来放置杯盘茶具，故名茶几。从材质上茶几可以分为大理石茶几、木质茶几、玻璃茶几、藤椅茶几等。

 设计思路

　　本实例中制作的茶几为欧美风格的一种，主要强调茶几上的雕花处理，同时配合茶几腿部弯曲的曲线来达到美化的效果。重点是造型的设计和雕花的设计制作。

效果剖析

　　本实例茶几的制作流程如下。

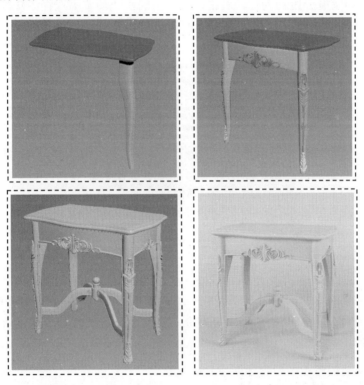

技术要点

　　本实例茶几从风格出发，实用性和美观相结合，表现出欧美风格的美艳，所用到的技术要点如下。

- ● 创建长方体时参数中分段参数的控制。
- ● 面的连续倒角操作。
- ● 硬边的细分光滑表现。
- ● 石墨建模工具的使用方法。
- ● 镜像工具的使用。
- ● "对称"修改器的使用。
- ● "弯曲"修改器的使用方法。
- ● 放样工具的使用。

制作步骤

在设计与制作本实例中的茶几时，可以先从茶几面和腿部开始制作，确定好长、宽和总体高度后，再着重制作好相关的雕花纹理即可。

1. 制作茶几面和腿部

step 01 单击▓(创建)｜◎(几何体)｜"长方体"按钮，在视图中创建一个长方体。单击▓按钮进入"修改"命令面板，在"参数"中设置长、宽、高分别为 800mm、500mm、60mm，长度分段和宽度分段均为 2。右击，在弹出的快捷菜单中选择"转换为"｜"转换为可编辑多边形"命令，将模型转换为可编辑的多边形物体。在该长方体上加线，如图 2-128所示。

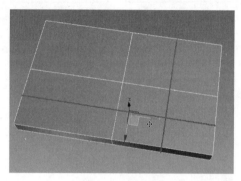

图 2-128　加线

 注意

该位置加线一是为了增加分段便于调节；二是便于保留其中一个角删除剩余部分(因为模型左右前后均是对称结构，只需制作 1/4 部分，其余部分通过对称工具镜像复制即可，这样可以大大节约时间)。

继续添加分段后调整点的位置如图 2-129 所示。

step 02 在厚度上加线。首先选择一条高度上的某一条线段，单击"环形"按钮，按Ctrl+Shift+E 快捷键加线即可。选择顶部的所有面，单击"倒角"按钮后面的▢图标，在弹出的"倒角"快捷参数面板中设置挤出面的值如图 2-130 所示。

图 2-129　加线调整点位置

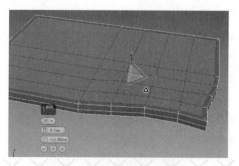

图 2-130　面的倒角设置

在“倒角”快捷参数面板中有两个可以调整的参数，第一个为控制面的挤出高度值；第二个为控制面的缩放值。单击⊞按钮，在参数控制区域的小三角上右击，将值快速设置为 0，然后调整“挤出”的值。如需多次缩放和挤出调整，可以在调整好“缩放”值或者“挤出”值后，再次单击⊞按钮，然后再进行下一阶段的参数调整即可。如图 2-131 所示为多次“缩放”和“挤出”操作后的效果。

按 Ctrl+Q 快捷键细分光滑显示，将“迭代次数”值设置为 2，该模型效果如图 2-132 所示。

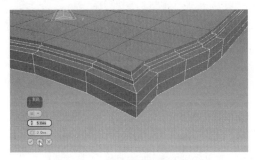

图 2-131　面的连续倒角操作

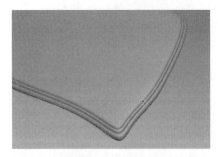

图 2-132　细分效果

step 03　选择如图 2-133 所示中的线段，单击“循环”按钮快速转换到一圈循环线段的选择，单击“切角”按钮后面的■图标，在弹出的“切角”快捷参数面板中设置切角的值为 0.6 左右，然后选择如图 2-134 所示中的线段，单击“环形”按钮转换到整个环形线段选择，如图 2-135 所示。按 Ctrl+Shift+E 快捷键加线，如图 2-136 所示。

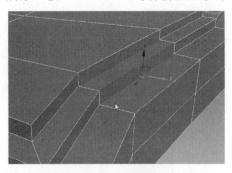

图 2-133　选择线段

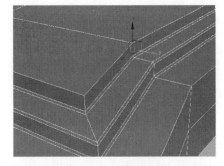

图 2-134　选择线段

图 2-135　转换到环形线段选择

图 2-136　加线

使用同样的方法，在模型的底部位置加线，注意所加线段适当向外移动调整，这样在模

型细分光滑之后就会呈现出弧形面效果。

step 04 按 1 键进入"点"级别，切换到顶视图，框选一半的点，按 Delete 键删除，只保留模型 1/4 角，如图 2-137 所示。切换到左视图或者前视图，选择底部点并删除，如图 2-138 所示。

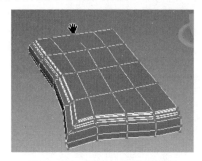

图 2-137　删除部分模型效果

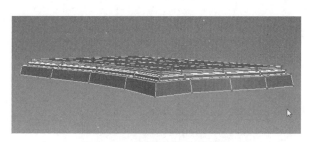

图 2-138　删除底部模型效果

单击 <!--按钮--> 按钮进入"修改"命令面板，单击"修改器列表"右侧的下三角按钮，在修改器下拉列表中选择"对称"修改器，在"参数"卷展栏中的"镜像轴"下选择 Z 轴，此时添加对称之后的效果如图 2-139 所示，该效果不是所需的效果。在修改器列表框中单击"对称"前面的+号，展开其子级别，选择"镜像"选项，进入"镜像"子级别，沿 Z 轴向上移动调整镜像中心，使其对称中心处能够重合自动焊接在一起，如图 2-140 所示。

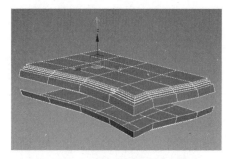

图 2-139　添加对称修改器效果

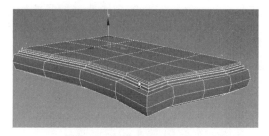

图 2-140　移动镜像中心

右击，在弹出的快捷菜单中选择"转换为"｜"转换为可编辑多边形"命令，将模型转换为可编辑的多边形物体，将该模型再次塌陷为多边形物体。在修改器下拉列表中再次添加"对称"修改器，此时在"参数"卷展栏中选择 Y 轴对称，效果如图 2-141 所示。

从上述步骤中可以看出，上下、左右、前后对称的物体在制作时只需制作出其中一部分，剩余的部分可以通过对称的方法快速制作出来，这也是在工作中能够大量减少工作量的一个快速有效的方法。

在使用"对称"修改器时，还有一个特别需要注意的地方，那就是"参数"卷展栏中的"阈值"设置，对称中心设置不好，或者"阈值"参数设置不合适，就会出现如图 2-142 所示中对称中心处的点没有焊接在一起的情况。

框选需要焊接在一起的点，单击"焊接"后面的 ■ 图标，适当调大焊接值，这样就可以把两点或者多个点焊接在一起，如图 2-143 所示。按 Ctrl+Q 快捷键细分光滑显示该模型效果，如图 2-144 所示。

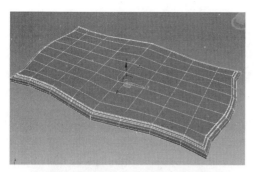

图 2-141　再次添加"对称"修改器效果

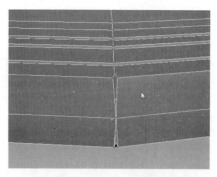

图 2-142　使用"对称"修改器容易出现的问题

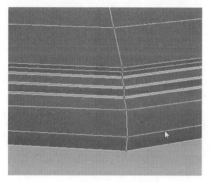

图 2-143　焊接点

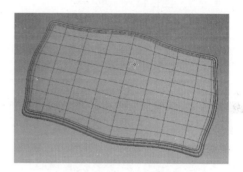

图 2-144　细分效果

step 05　在顶视图中创建一个长方体，设置长、宽、高分别为 40、40、700mm 左右，右击，在弹出的快捷菜单中选择"转换为"｜"转换为可编辑多边形"命令，将模型转换为可编辑的多边形物体。按 2 键进入"线段"级别，框选高度上所有的线段，按 Ctrl+Shift+E 快捷键加线并调整如图 2-145 所示。在腿部模型的左侧边缘位置加线，如图 2-146 所示。

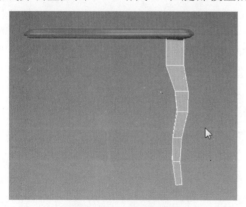

图 2-145　加线调整

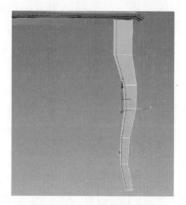

图 2-146　左侧边缘加线

同样，在如图 2-147 所示的位置加线，此处加线的目的是为了后面删除一半模型添加"对称"修改器做准备。在模型的顶端和底端位置继续加线，细分之后的效果如图 2-148 所示。

如果需要光滑的硬边效果该如何处理呢？比如将如图 2-149 所示中的线段进行切角设

置，细分后效果如图 2-150 所示。

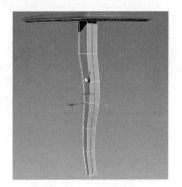

图 2-147　加线效果

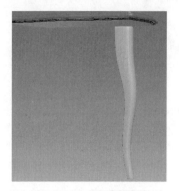

图 2-148　细分效果

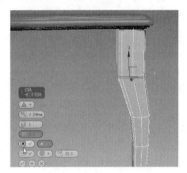

图 2-149　边切角设置

图 2-150　细分效果

2．制作雕花

制作好茶几面和腿部模型后，接下来开始制作雕花。雕花的制作稍微复杂一些，但是如果能配合石墨建模工具将达到事半功倍的效果。

step 01　在顶视图中创建一个面片物体并移动到茶几底部，右击，在弹出的快捷菜单中选择"转换为"｜"转换为可编辑多边形"命令，将模型转换为可编辑的多边形物体，单击石墨建模工具栏中的"自由形式"｜"多边形绘制"选项卡，在其工具面板中单击"绘制于"下三角按钮，然后选择"绘制于：曲面"选项，单击右侧的"拾取"按钮，然后在视图中拾取茶几腿部模型。注意，在没有选择"绘制于：曲面"选项时，右侧的拾取按钮是冻结的；拾取之后该按钮的名称会显示当前拾取模型的名字。单击 按钮，在视图中茶几腿部模型上就可以进行条带的绘制了，如图 2-151 所示。绘制时，右击可以结束当前绘制，如需进行第二条、第三条条带绘制，继续单击左键进行绘制即可。需要注意的一点是下一条条带和上一条条带如需进行连接的话，在绘制时可以按住 Shift 键，如图 2-152 所示，绘制时当前视图的大小会直接影响绘制的条带方块的大小。

step 02　将绘制的条带模型沿 X 轴适当向外移动调整，按 2 键进入"线段"级别，选择最右侧的所有线段，使用缩放工具沿 Y 轴方向多次缩放直至选择的线段缩放成一条直线，单击 按钮，将该模型沿 Y 轴方向以"实例"的方式镜像复制效果如图 2-153 所示。在"边"级别下如需挤压调整面可以配合 Shift 键的同时进行移动、旋转、缩放操作，直至调整出所需效果。调整的过程如图 2-154～图 2-156 所示。

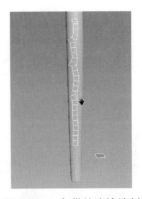

图 2-151　条带工具绘制　　　　　　　　　　　图 2-152　条带的连接绘制

图 2-153　镜像复制　　图 2-154　移动调整　　图 2-155　旋转操作　　图 2-156　缩放效果

　　继续复制调整面，过程如图 2-157～图 2-159 所示。

　　step 03　按 4 键进入"面"级别，框选所有面，单击"倒角"按钮后面的■图标，在弹出的"倒角"快捷参数面板中设置参数，效果如图 2-160 所示。

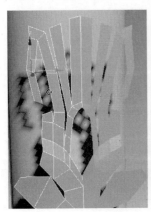 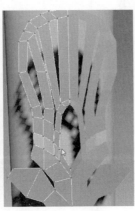  

图 2-157　调整面 1　　图 2-158　调整面 2　　图 2-159　调整面 3　　图 2-160　面的倒角

　　按 3 键进入"边界"级别，选择如图 2-161 中的边界，单击"封口"按钮将洞口封闭，

然后适当调整布线效果如图 2-162 所示。

选择对称中心处的所有面(在选择时可以依次单击石墨菜单栏中的"建模" | "修改选择" | "步模式"按钮，先选择顶端的一个面，然后按住 Shift 键再单击底端的一个面即可快速选择中间所有的面)，按 Delete 键删除选择的面。为了使该模型立体感更强，可以适当选择部分面使用"倒角"工具挤出调整面，如图 2-163 所示。细分后效果如图 2-164 所示。

  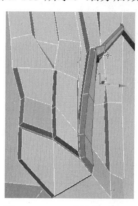 

| 图 2-161 选择边界 | 图 2-162 封口 | 图 2-163 面的倒角处理 | 图 2-164 细分效果 |

step 04 删除另外一半模型，在修改器下拉列表中添加"对称"修改器，进入"镜像"子级别，移动镜像中心，如果模型出现空白的情况，可以勾选"翻转"复选框。修改调整后效果如图 2-165 所示。

依次单击石墨建模工具栏中的"自由形式" | "绘制变形" | "偏移"按钮，该工具可以针对模型进行整体的比例形状调整，有点类似于"软选择"工具的使用，但是"偏移"工具使用起来会更加快捷、更加灵活。当前制作的雕花是基于一个平面的，但是茶几腿部模型是带有一定的弧线效果的，那么该如何使雕花模型与腿部模型的弧线相匹配呢？同样可以使用"偏移"工具。使用该工具时要配合笔刷大小、强度的控制，这样在调整模型时才会得心应手。"偏移"工具快捷键为 Ctrl+鼠标左键拖拉外圈笔刷大小的调整；Shift+鼠标左键拖拉为内笔刷大小的调节；Ctrl+Shift+鼠标左键拖拉为内外笔刷大小的同时调节。

如图 2-166 所示为调整后的雕花弧度效果。

 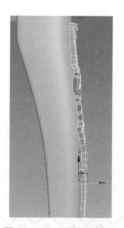

| 图 2-165 整体效果 | 图 2-166 调整后效果 |

单击■按钮进入"修改"命令面板，单击"修改器列表"右侧的下三角按钮，在修改器下拉列表中添加"弯曲"修改器，参数设置如图 2-167 所示。添加弯曲后的效果如图 2-168 所示。

图 2-167　"参数"卷展栏

图 2-168　弯曲后效果

 注意

此处添加"弯曲"修改器的作用是为了使雕花在各个方向上能与茶几腿部模型曲线相匹配。

step 05　底部雕花模型制作。在视图中创建一个面片物体，该物体的长、宽值这里不做要求，可以根据当前模型的比例适当调整，但是长度分段数适当调高。右击，在弹出的快捷菜单中选择"转换为"｜"转换为可编辑多边形"命令，将模型转换为可编辑的多边形物体，按 2 键进入"线段"级别，然后选择需要挤出面的边，按住 Shift 键的同时移动复制出新的面，调整过程如图 2-169 和图 2-170 所示。

如需手动加线和调整布线效果，右击，在弹出的快捷菜单中选择"剪切"命令，然后在模型上切线调整即可。但有时选择"剪切"命令时，在模型上切线是没有任何效果的，原因大多数是因为面的法线是反转的，解决的方法也很简单，即将面的法线翻转过来即可。那么如何翻转呢？框选所有的面，单击"翻转"按钮即可，再次进行切线是即可正常地剪切线段了。如图 2-171 所示为加线效果。

图 2-169　面的挤出复制 1

图 2-170　面的挤出复制 2

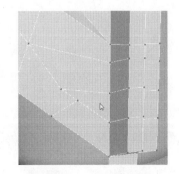

图 2-171　手动剪切线段 3

如图 2-171 所示中的面虽然是四边面，但是不太美观，需要将面进行松弛调整。调整的

方法有两种，一是调整点的位置，二是选择如图 2-172 所示中的面，单击石墨菜单栏中的"建模"|"几何体(全部)"|"松弛"按钮，松弛后的效果如图 2-173 所示。

图 2-172　选择需要松弛的面

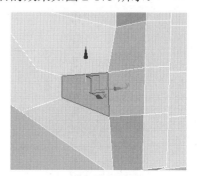

图 2-173　松弛后效果

 注意

"松弛"工具在某种情况下非常有用，特别是在制作一些角色模型时会频繁用到该工具。

配合"倒角"工具将面向外倒角处理如图 2-174～图 2-176 所示。

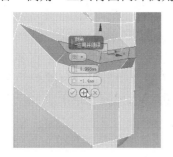

图 2-174　面的倒角 1

图 2-175　面的倒角 2

图 2-176　面的倒角 3

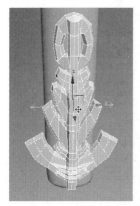

图 2-177　添加"对称"修改器

选择对称中心处的面，按 Delete 键删除。然后选择对称中心的线段，使用缩放工具沿 Y 轴多次缩放，尽可能地缩放成一条笔直的线段(这样做的目的是为了方便添加"对称"修改器)，单击 按钮进入"修改"命令面板，单击"修改器列表"右侧的下三角按钮，在修改器下拉列表中选择"对称"修改器，单击"对称"前面的"+"号，展开其子级别，选择"镜像"选项，进入"镜像"子级别，移动调整镜像中心位置，对称后的效果如图 2-177 所示。

在"线段"级别下选择图 2-178 和图 2-179(左)所示的线段，单击"桥"按钮后线段之间会自动生成连接出新的面，如图 2-179(右)所示。

用桥接的方法连接出所需面，然后在"点"级别下框选一半的点删除，如图 2-180 所示。然后在修改器下拉列表中添加"对称"修改器后，再次将模型转换为可编辑的多边形物体，按 Ctrl+Q 快捷键细分光滑显示该模型效果，如图 2-181 所示。

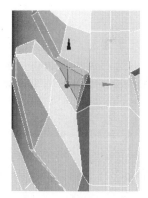

图 2-178 选择线段

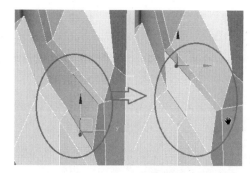

图 2-179 线段的桥接

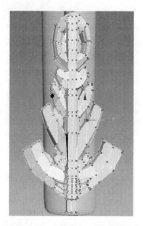

图 2-180 选择一半点删除

图 2-181 细分效果

在修改器下拉列表中添加"弯曲"修改器，选择好弯曲轴和弯曲的角度并旋转调整模型效果如图 2-182 所示。此时只是弯曲了其中的一个走向，如需调整另一轴弯曲角度可再次添加"弯曲"修改器，选择弯曲轴和角度如图 2-183 所示。在修改器列表中可以看到同时添加的两个修改器命令，如图 2-184 所示。

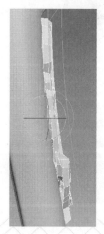

图 2-182 添加"弯曲"修改器

图 2-183 添加"弯曲"修改器

图 2-184 修改器列表

 注意

在不塌陷模型的基础上如需再次编辑多边形，可在修改器列表中添加"编辑多边形"修改器，这样做的好处是可以在保留之前修改器列表的情况下进行多边形的编辑调整。但是在该模式下按 Ctrl+Q 快捷键是不起作用的，如果进行细分还需要在修改器列表中添加"网格平滑"或者"涡轮平滑"修改器，如图 2-185 所示。

step 06 选择制作好的腿部模型，使用旋转工具旋转调整 45°，如图 2-186 所示(注意：在旋转时如需以 5°角度递增精确控制旋转角度时可按 A 键打开角度捕捉)。然后单击工具栏中的 按钮，镜像复制出另外一侧的茶几腿部模型，如图 2-187 所示。

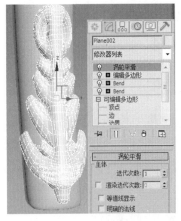  

图 2-185 修改器列表的堆砌使用　　　图 2-186 旋转调整 45°　　　图 2-187 镜像复制

在顶视图中两腿部模型之间创建一个长方体，设置好分段数后转换为可编辑的多边形物体，然后调整点的位置至如图 2-188 所示的形状。

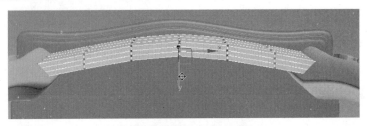

图 2-188 调整长方体形状 1

继续调整长方体形状如图 2-189 所示。

图 2-189 调整长方体形状 2

选择该模型中间两条环形线段，按 Ctrl+Backspace 快捷键移除，右击，在弹出的快捷菜单中单击"连接"按钮前面的▣图标，在弹出的"连接"快捷参数面板中设置添加分段的边数为 2，并调整偏移值，在顶部和底部加线，如图 2-190 所示。使用同样的方法在两侧位置加线。

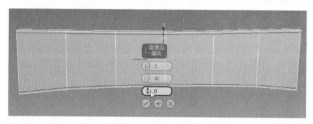

图 2-190　加线

step 07　在前视图中创建一个面片物体并转换为可编辑的多边形物体，然后单击石墨建模工具栏中的"自由形式"｜"多边形绘制"选项卡，在其工具面板中单击"绘制于"下三角按钮，然后选择"绘制于：曲面"选项，单击右侧的"拾取"按钮，拾取长方体物体，单击"条带"按钮，按住 Shift 键进行与片面物体的连接绘制，如图 2-191 所示。松开 Shift 键可以独立绘制条带，如图 2-192 和图 2-193 所示。

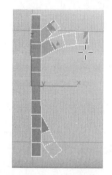 

图 2-191　条带绘制 1　　　图 2-192　条带绘制 2　　　　　图 2-193　条带绘制 3

单击"目标焊接"按钮，将需要焊接在一起的点进行焊接。配合软选择工具和"偏移"工具整体调整模型的比例和大小，如图 2-194 所示。

按 4 键进入"面"级别，框选所有的面，单击"挤出"按钮后面的▣图标，在弹出的"挤出多边形"快捷参数面板中设置参数值，如图 2-195 所示。

 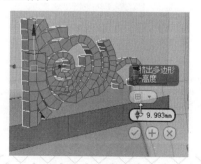

图 2-194　调整比例大小　　　　　　图 2-195　设置切角

为了使该模型凹凸有致，可以继续加线进行调整，如图 2-196 所示。

在修改器下拉列表中添加"对称"修改器，对称出另外一半模型；添加"弯曲"修改器，调整弯曲值使其与后面的模型弧度相匹配，如图 2-197 所示。

图 2-196 加线调整

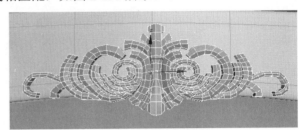

图 2-197 对称和弯曲调整

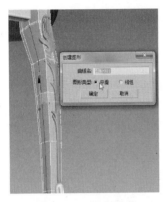

图 2-198 线段分离

step 08 选择如图 2-198 中的线段，单击"利用所选内容创建图形"按钮，在弹出的"创建图形"对话框中设置"图形类型"为"平滑"，单击"确定"按钮。("利用所选内容创建图形"命令可以把当前选择的线段单独创建出来。有"平滑"和"线性"两个选项，选择"平滑"时创建出来的样条线时保持平滑属性；选择"线性"时创建出来的点是角点，不能对其进行点的调节。)

选择刚分离出来的样条线，按 1 键进入"点"级别，选择其中一个点，右击，在弹出的快捷菜单中的左上角位置可以看到点的模式，如图 2-199 所示。这里来介绍一下"点"的 4 种模式。第一是 Bezier 点，Bezier 点两侧位置有两个可控的手柄，如图 2-200 所示，这两个手柄均可以沿 X、Y、Z 轴方向自由调整，其中调整一个时另一个也会随之跟着进行调节。第二是 Bezier 角点，Bezier 角点也有两个可控手柄，它和 Bezier 点的区别在于，调整一个手柄时另一个手柄不会随之进行调整，它们两个是分别独立的。第三是角点，角点没有可控手柄，可以理解为拐角点。第四是平滑点，平滑点也没有可控的手柄，但由平滑点连接的线段是平滑过渡的。

图 2-199 右键快捷菜单

图 2-200 Bezier 点

本实例中选择所有点，右击，在弹出的快捷菜单中选择"平滑"命令，将所有点设置为平滑属性，然后选择如图 2-201 所示中的线段并将其分离出来。

图 2-201　将线段分离

选择分离出来的两条线段，按 Alt+Q 快捷键独立化显示当前选择物体，选择其中的任意一条样条线，单击"附加"按钮，拾取另外一条样条线，将两条样条线附加为一个物体，然后框选右上角的两个点，单击"焊接"按钮，将两点焊接在一起。如果单击"焊接"按钮后两个点没有焊接在一起，可以先调整"焊接"按钮后面的数值，然后再次单击该按钮即可。

在"渲染"卷展栏中勾选"在渲染中启用"和"在视口中应用"复选框，此时样条线就变成了带有直径的管状体了，如图 2-202 所示。修改"厚度"值可控制半径大小，修改"边"值可控制该物体的边数。

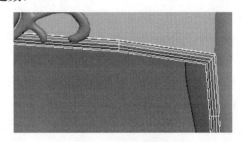

图 2-202　渲染为管状体

 注意

虽然该样条线在视图中是以三维模型显示的，但实际上它还是一条样条线，同样可以进入"点"级别进行点的移动操作等。

step 09　调整点的位置，尽量使该模型贴附于茶几物体的表面，在茶几腿部的底部位置创建如图 2-203 所示的雕花，然后选择该雕花和上方的样条线镜像复制出另外一侧物体，如图 2-204 所示。

图 2-203　底部雕花

图 2-204　镜像复制

选择茶几腿部左侧所有模型，使用同样的方法，单击 ▦ 按钮镜像出右侧模型物体。选择侧边长方体模型以及雕花模型，按住 Shift 键旋转 90°复制，调整到茶几的右侧并调整大小。最后镜像该物体移动调整到左侧，效果如图 2-205 所示。

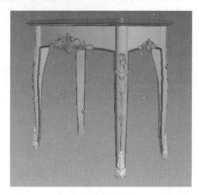

图 2-205　复制调整出左右侧模型

step 10 单击"创建"｜"几何体"｜"圆柱体"按钮，在视图中创建出一个圆柱体，右击，在弹出的快捷菜单中选择"转换为"｜"转换为可编辑多边形"命令，将模型转换为可编辑的多边形物体。按 4 键进入"面"级别，选择顶部的面删除。按 3 键进入"边界"级别，选择顶部边界，按住 Shift 键配合移动工具和缩放工具挤出新的面，调整过程如图 2-206～图 2-208 所示。

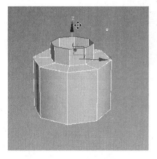　　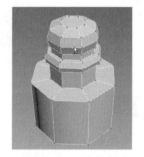

图 2-206　挤出面 1　　　　图 2-207　挤出面 2　　　　图 2-208　挤出面 3

按 Ctrl+Q 快捷键细分光滑显示该模型效果，如图 2-209 所示。删除底部的面，按照上述方法挤出调整底部位置形状至如图 2-210 所示。

图 2-209　细分效果　　　　　　图 2-210　底部细节调整

底部细节调整好后，单击"封口"按钮将开口处封闭，右击，在弹出的快捷菜单中选择"剪切"命令，手动调整底部面的布线，如图 2-211 所示。形状细节调整出来后，随之需要调整的就是拐角处细分后圆角值过大的问题，选择拐角处的线段，单击"切角"按钮后面的 ▣ 图标，在弹出的"切角"快捷参数面板中设置切角的值，切角值越小细分后棱角就越明显。切角后的细分效果如图 2-212 所示。

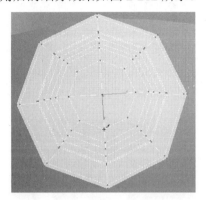

图 2-211　底部面的封口并调整布线

图 2-212　切角后细分效果

step 11　单击 ▩(创建) | ▣(图形) | "线"按钮，在视图中创建如图 2-213 所示的样条线。按 1 键进入点级别。框选中间的两个点，单击"圆角"按钮后面的微调三角按钮来调整圆角值大小，效果如图 2-214 所示。

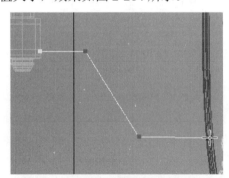

图 2-213　创建样条线

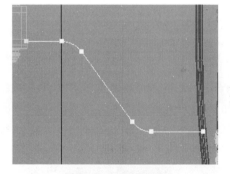

图 2-214　圆角处理

单击"创建" | "图形" | "矩形"按钮，在视图中创建一个矩形，右击，在弹出的快捷菜单中选择"转换为" | "转换为可编辑样条线"命令，将矩形转换为可编辑的样条线，选择图 2-215 中的两个点，单击"圆角"按钮，在视图中单击并拖动鼠标调整圆角值至如图 2-216 所示。

在"创建"命令面板的下拉列表中选择"复合对象"选项，在"对象类型"卷展栏中单击"放样"按钮，然后单击"获取图形"，在视图中拾取图 2-216 所示中的样条线来完成放样，放样后的效果如图 2-217 所示。单击修改器列表框的+号，展开其子级别，选择"图形"选项，进入"图形"子级别，框选放样物体的两侧(一般情况下，放样后物体的"图形"级别在物体的两头位置)，选择好原图形后，使用旋转工具进行 90° 旋转，如图 2-218 所示。

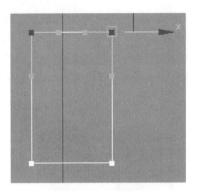

图 2-215　选择点

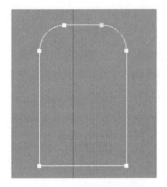

图 2-216　点的圆角处理

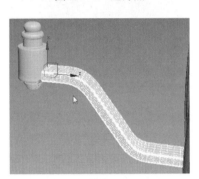

图 2-217　样条线放样

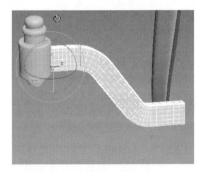

图 2-218　旋转调整"图形"

　　放样的物体该如何调整分段数呢？在"蒙皮参数"卷展栏中的"图形步数"和"路径步数"值就是调整放样后物体的分段数。将该两个值降低可以发现物体的分段数明显减少，如图 2-219 所示。

　　右击，在弹出的快捷菜单中选择"转换为"｜"转换为可编辑多边形"命令，将模型转换为可编辑的多边形物体。选择底部边缘的线段，单击"利用所选内容创建图形"按钮将选择的线段分离出来。然后选择该样条线勾选"在渲染中启用"和"在视口中启用"复选框，设置"厚度"值为 6，如图 2-220 所示。

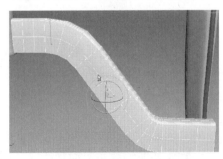

图 2-219　降低分段数

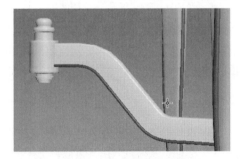

图 2-220　边缘线段分离

　　单击█(创建)｜█(图形)｜"螺旋线"按钮，在视图中创建一个螺旋线，设置"厚度"值为 7、"边"为 9，调整"半径 1"和"半径 2"以及"圈数"值，如图 2-221 所示。

　　step 12 进入█(层次)命令面板，单击"仅影响轴"按钮，使用移动工具移动调整当前选择物体的轴心至如图 2-222 所示位置。

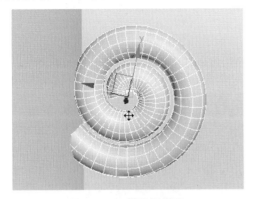

图 2-221 螺旋线调整

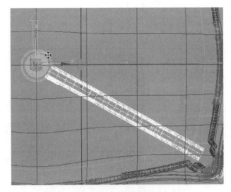

图 2-222 移动调整物体轴心

切换到旋转工具，按住 Shift 键旋转复制该物体效果如图 2-223 所示。

按 M 键打开材质编辑器，在左侧材质类型中单击标准材质并拖拉到右侧材质视图区域，选择场景中所有物体，单击 按钮将标准材质赋予所选择物体，效果如图 2-224 所示。

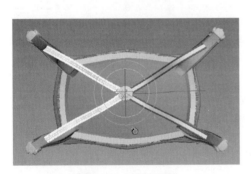

图 2-223 旋转复制

图 2-224 设置材质效果

本实例总结：通过本实例茶几模型的设计制作，复习了 3ds Max 软件中的多边形建模的一些常用命令和参数，同时还学习了石墨建模工具的使用方法，以及"对称"、"镜像"、"放样"等工具的使用。本实例中的重点是雕花的处理，虽然不是很复杂，但也要花费一些时间和精力来完成它。所以用户一定要有足够的耐心来学习制作。

实例 03 制作边几

边几是指在客厅中摆放在两个沙发之间的茶几，多是正方形或是圆形。在卧室或是浴室也常有人喜欢摆放边几，大多是用来放电话、花瓶等装饰品的。

 设计思路

根据边几的特点，需要在方形的基础上适当做一些修改，使之线条更加流畅、更加美观。

本实例边几的制作流程如下。

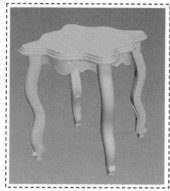

本实例边几从方形中演变改进，外形更加美观，所用到的主要技术要点如下。

- 多边形建模参数设置。
- 多边形建模边缘棱角的处理方法。
- "倒角剖面"命令的使用方法。

制作时同样是从边几面做起，然后是腿部和底部。制作方法有多种，最常见的就是利用长方体物体进行多边形的形状修改，其次还可以用倒角剖面来快速制作边几面部模型。

step 01 单击 (创建)｜ (图形)｜"矩形"按钮，在视图中创建一个矩形。单击 按钮进入"修改"命令面板，设置长宽值均为 600，右击，在弹出的快捷菜单中选择"转换为"｜"转换为可编辑样条线"命令，将矩形转换为可编辑的样条线。按 2 键进入"线段"级别，选择上下两条线，在"修改"命令面板的"几何体"卷展栏中设置"拆边"按钮后面的数值为 3，然后单击该按钮，这样就把线段平均分为四等份(即中间平均添加 3 个点，线段被平分为 4 段)，同样的方法将左右两端的线也进行该设置，如图 2-225 所示。

step 02 间隔性选择点，切换到缩放工具向内进行缩放，效果如图 2-226 所示。选择 4 个角上的 4 个点，单击"圆角"按钮，然后在选择的点上单击鼠标并拖动来圆角化处理，如图 2-227 所示。

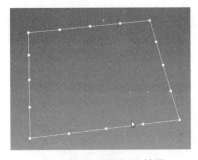
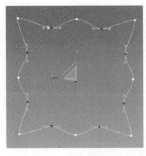
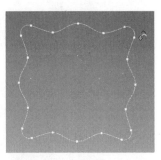

图 2-225 线段拆分效果　　　图 2-226 向内缩放选择点　　　图 2-227 点的圆角化处理

在前视图中创建如图 2-228 所示的样条线，同样使用"圆角"命令将拐角处的点进行圆角化处理，如图 2-229 所示。

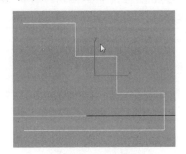
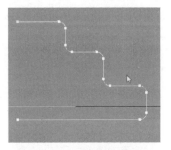

图 2-228 创建样条线　　　　　　　图 2-229 点的圆角化处理

step 03 选择第二步创建修改的样条线，在修改器下拉列表中添加"倒角剖面"修改器，单击"拾取剖面"按钮，然后在视图中拾取图 2-229 所示中的样条线，拾取之后的模型效果如图 2-230 所示。

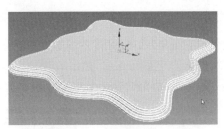

图 2-230 倒角剖面效果

 注意

如果觉得模型需要修改，可以直接修改原样条线即可。样条线的变化会直接影响倒角剖面后模型的变化效果。

step 04 在视图中创建一个长方体并转换为可编辑的多边形物体，适当加线调整至如图 2-231 所示效果。继续在横向和纵向上添加分段，同时在边缘位置加线，如图 2-232 所示。细分如图 2-233 所示。

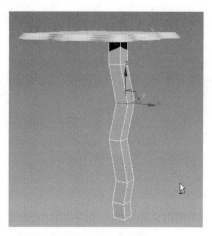

图 2-231　加线调整　　　　图 2-232　加线　　图 2-233　细分效果

选择边几腿部底端左侧的面，单击"倒角"按钮后面的 ▣ 图标，向外倒角设置，如图 2-234
所示。按 Ctrl+Q 快捷键细分光滑显示该模型效果，如图 2-235 所示。

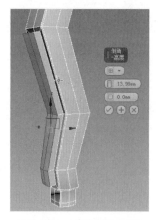

图 2-234　面的倒角设置　　　　　　　　图 2-235　细分效果

此处的细分显示并不理想，按照图 2-236 和图 2-237 所示进行点的调整和加线处理。

`step 05` 沿 Z 轴旋转 45°左右，然后单击按钮沿 Y 轴以"实例"的方式进行关联复制并
调整到另外一侧，同样的方法将剩余的两个边几腿部模型复制出来，效果如图 2-238 所示。

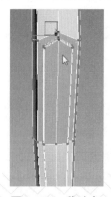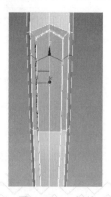

图 2-236　移动点　　　　图 2-237　加线　　　图 2-238　腿部模型镜像关联复制

step 06 适当调整边几腿部模型与桌面模型的比例，然后在桌面底部位置创建一个长方体，右击，在弹出的快捷菜单中选择"转换为"｜"转换为可编辑多边形"命令，将模型转换为可编辑的多边形物体，在 X 轴方向加线并调整点的位置至如图 2-239 所示形状。

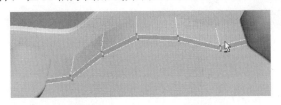

图 2-239　调整长方体形状

删除一半模型，沿 Z 轴方向调整至如图 2-240 所示形状(注意，在拐角处位置的线段做切角处理)，单击按钮进入"修改"命令面板，单击"修改器列表"右侧的下三角按钮，在修改器下拉列表中选择"对称"修改器，右击，在弹出的快捷菜单中单击"连接"按钮前面的图标，在弹出的"连接边"快捷参数面板中设置参数如图 2-241 所示。

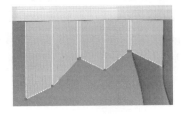

图 2-240　Z 轴调整形状

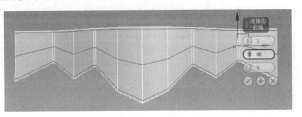

图 2-241　添加"对称"修改器并设置"连接参数"

选择该模型下边缘的面，单击"倒角"按钮后面的图标，在弹出的"倒角"快捷参数面板中单击下三角按钮，在弹出的下拉菜单中选择"局部法线"命令，如图 2-242 所示。然后调整挤出的高度值和倒角值，效果如图 2-243 所示。

图 2-242　倒角方式选择

图 2-243　面的倒角效果

细分后发现拐角处的圆角过大。选择拐角处的线段后将其进行切角(切角值一定要非常小)，这样在细分后效果才会得到明显的改善，如图 2-244 所示。

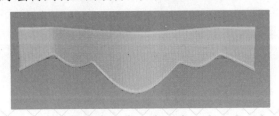

图 2-244　细分效果

step 07　将调整好的物体旋转 90°复制，制作出剩余的模型，整体效果如图 2-245 所示。

step 08　将边几面部模型向下复制并使用缩放工具等比例缩放，然后创建一个长方体模型进行多边形的绘制修改，效果如图 2-246 所示。

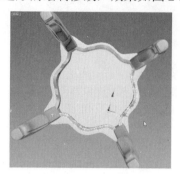

图 2-245　复制剩余模型

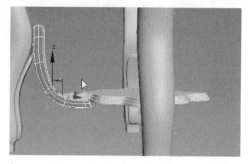

图 2-246　多边形修改后形状

接下来旋转复制出剩余的模型。在旋转时希望围绕底部物体进行快速旋转复制，所以要先拾取一下底部物体的轴心，在工具栏中单击"视图"右侧的下三角按钮，在弹出的下拉列表中选择"拾取"选项，在视图中单击底部物体，此时旋转轴心没有发生任何变化。单击 按钮，在弹出的下拉工具中选择 按钮来切换坐标轴心，这样就切换成了底部物体的旋转轴心。此时在进行旋转复制时就容易得多了，如图 2-247 所示。

step 09　将编辑腿部模型底部内侧的面向内倒角挤出至如图 2-248 所示。

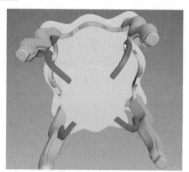

图 2-247　旋转复制

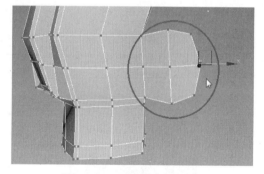

图 2-248　面向内倒角挤出

右击，在弹出的快捷菜单中选择"剪切"命令，在模型上手动剪切调整布线效果，如图 2-249 所示。选择内部环形线段进行切角，如图 2-250 所示。

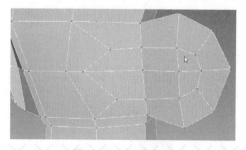

图 2-249　调整布线

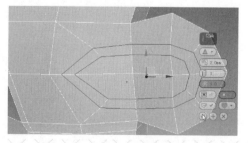

图 2-250　线段切角

将选择的面向外倒角处理如图 2-251 和图 2-252 所示。

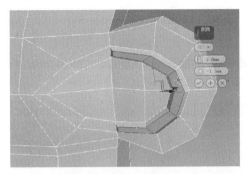

图 2-251　面的倒角 1

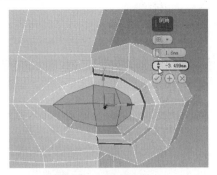

图 2-252　面的倒角 2

按 M 键打开材质编辑器，在左侧材质类型中单击标准材质并拖曳到右侧材质视图区域。
选择场景中所有物体，单击 按钮将标准材质赋予所选择物体，效果如图 2-253 所示。

图 2-253　最终效果

通过本实例学习了边几的制作方法，重点是学习"倒角剖面"命令的使用方法，但主要
用到的还是多边形建模中的一些基本知识，用户需要举一反三熟练运用多边形建模。

实例 **04** 制作角几

角几是一种比较小巧的桌几，可灵活移动，造型多变不固定。一般被摆放于角落、沙发
边或者床边等，其目的在于方便日常放置经常流动的小物件。

 设计思路

本实例中的角几兼顾美观与小巧相结合的特点进行制作，同时配合雕花效果又能表现出
欧美风格。

效果剖析

实例角几的制作流程如下。

技术要点

本实例从角几的小巧以及美观出发，所用到的知识点如下。

● 多边形建模中"边界"级别下面的快速复制调整。

● 对齐工具的使用方法。

● 石墨建模工具中"条带"工具快速制作方法。

● 模型导入方法。

制作步骤

本实例的模型首先是从底座做起，然后是支撑杆，最后是面部和雕花。

step 01 在顶视图中创建一个长、宽均为 450mm 的长方体，旋转调整 45°，右击，在弹出的快捷菜单中选择"转换为"|"转换为可编辑多边形"命令，将模型转换为可编辑的多边形物体，在"线段"级别下加线调整，然后将 4 个角的线段适当切角处理，如图 2-254 所示。

继续在横向和纵向上加线调整，然后在厚度上下边缘位置加线，细分效果如图 2-255 所示。

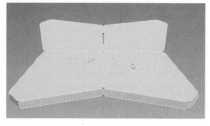

图 2-254　编辑调整多边形

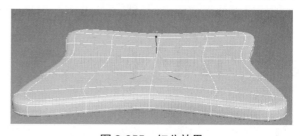

图 2-255　细分效果

从图 2-255 中可以观察到 4 个角的圆角过大，需要对其位置进行调整。右击，在弹出的快捷菜单中选择"快速切片"命令，然后在 4 个角的边缘位置切线，如图 2-256 所示。

需要注意的一点就是在使用快速切片后，多余的点可以通过单击"目标焊接"按钮将其焊接在一起即可，如图 2-257 和图 2-258 所示。

step 02 将物体沿 Z 轴复制并适当放大。然后在视图中创建一个圆柱体，降低圆柱体的分段数并转换为可编辑的多边形物体，将顶端的面删除，选择顶部边界线，配合 Shift 键移动挤出面并进行调整。调整过程如图 2-259～图 2-262 所示。

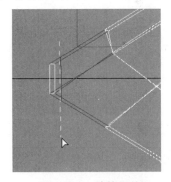

图 2-256　边缘切线　　　　图 2-257　快速切片后多余的点　　　　图 2-258　焊接多余点

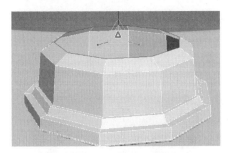

图 2-259　边界挤出面调整 1　　　　　　图 2-260　边界挤出面调整 2

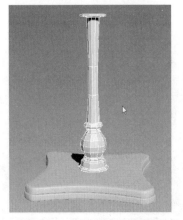

图 2-261　边界挤出面调整 3　　　　　　图 2-262　边界挤出面调整 4

　　按 1 键进入"点"级别，框选需要调整的部分后，使用缩放工具进行模型的比例调整。切换到"边"级别，选择拐角处的环形线段，使用"切角"工具进行切角处理(切角值不宜过大)。在 Z 轴方向整体加线，然后选择如图 2-263 所示中的线段，单击"挤出"按钮后面的◻图标，将选择的线段挤出处理，如图 2-264 所示。

　　按 Ctrl+Q 快捷键细分光滑显示该模型效果，如图 2-265 所示。使用线段的挤出方法可以快速制作表面凹痕效果；除此之外，也可以利用将线段切角后，选择面并向内挤出的方法制作凹痕效果。

图 2-263　选择线段

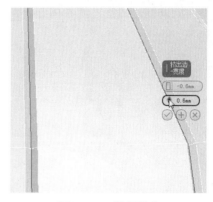

图 2-264　线段挤出

step 03　在底部创建一个圆柱体并转换为多边形物体，修改成如图 2-266 所示的形状。

图 2-265　凹痕效果

图 2-266　修改后的形状

　　选择如图 2-267 所示中的线段，单击"挤出"按钮，将线段向内挤出如图 2-268 所示。然后进入"点"级别，框选顶部如图 2-269 所示的所有点，单击"焊接"按钮，将焊接值适当增大进行点焊接，效果如图 2-270 所示。

图 2-267　选择线段

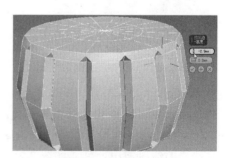

图 2-268　线段向内挤出

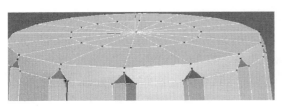

图 2-269　选择点

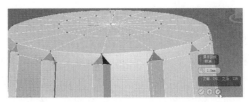

图 2-270　点的焊接

按 Ctrl+Q 快捷键细分光滑显示该模型，并移动复制出剩余的 3 个底座，如图 2-271 所示。

step 04　在视图中创建一个圆柱体，设置半径为 280mm，右击，在弹出的快捷菜单中选择"转换为" | "转换为可编辑多边形"命令，将模型转换为可编辑的多边形物体，在顶部边缘位置加线，然后选择顶端面并使用"挤出"工具挤出面，细分后效果如图 2-272 所示。

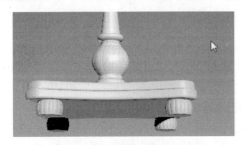

图 2-271　移动复制底座

图 2-272　修改制作出桌面

step 05　单击 (创建) | (几何体) | "管状体"按钮，在视图中创建一个管状体。单击工具栏上的 按钮，在视图中单击桌面物体，在弹出的"对齐当前选择"对话框中设置参数如图 2-273 所示。对齐效果如图 2-274 所示。

图 2-273　对齐位置设置

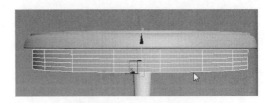

图 2-274　对齐效果

　注意

对齐对话框中的最大值和最小值是什么意思呢？以 Z 轴来说，它的最大值就是 Z 轴最上方，最小值就是 Z 轴最下方，就像高中时学过的坐标轴一样，向上表示正方向，向下表示负方向。当前物体的最大值也就是指当前选择物体的最上方，目标对象的最小值是指被对齐的物体的最下方。

设置管状体高度分段数为 1，边数为 16，右击，在弹出的快捷菜单中选择"转换为" |
"转换为可编辑多边形"命令，将模型转换为可编辑的多边形物体，按 Alt+Q 快捷键孤立化
显示该物体，然后选择底部部分点移动调整成如图 2-275 所示的形状。

进入"边"级别，在上下底部边缘位置加线，然后选择底部外边缘的面，使用"倒角"
工具向外挤出面，细分效果如图 2-276 所示。

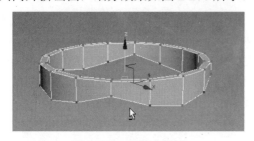

图 2-275 调整点位置

图 2-276 细分效果

step 06 单击界面左上角的 Max 图标，选择"导入" |"合并"命令，在弹出的对话框
中双击所需要的模型文件，然后在"合并"对话框中单击"全部"按钮后单击"确定"按
钮，这样就把茶几模型合并到了当前的场景中，在此只保留雕花模型，其他模型可以全部删
除。利用前面讲解的石墨建模工具中的"条带"工具制作出如图 2-277 所示形状的片面。

在制作时，可以使用多边形绘制下的"拖动"工具快速调整点的位置，此时调整的点会
自动吸附在物体的表面进行移动，不用担心各个轴向位置问题。调整好后按 4 键进入"面"
级别，选择所有面，单击"挤出"按钮后面的■图标，在弹出的"挤出"快捷参数面板中设
置挤出面的值为 9，细分后效果如图 2-278 所示。

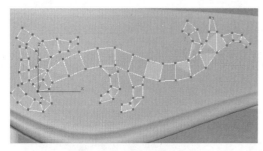

图 2-277 条带模型绘制

图 2-278 条带面的挤出细分效果

继续选择部分面并挤出调整效果如图 2-279 所示。

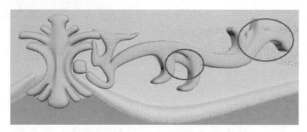

图 2-279 挤出调整部分面

将右侧的花纹模型镜像复制到左侧，然后单击"附加"按钮拾取所有雕花模型，使其附

加为一个物体，接着将整个雕花进行镜像复制，整体调整模型比例，最终效果如图 2-280 所示。

　　按 M 键打开材质编辑器，在左侧材质类型中单击标准材质并拖曳到右侧材质视图区域。选择场景中所有物体，单击 按钮将标准材质赋予所选择物体，按 F4 键开启线框显示，效果如图 2-281 所示。

图 2-280　最后效果

图 2-281　线框显示效果

　　本实例中学习了模型的导入方法以及对齐工具的使用；除此之外，在制作时把握好模型之间的比例也至关重要。

实例 **05** 制作电视柜

　　电视柜是家具中的一个种类，主要是用来摆放电视的。因人们不满足把电视随意摆放而产生的家具，也有人称之为视听柜。随着人们生活水平的提高，与电视相配套的电器设备相应出现，导致电视柜的用途从单一向多元化发展，不再是单一的摆放电视用途，而是集电视、机顶盒、DVD、音响设备、碟片等产品收纳和摆放，更兼顾展示的用途。

设计思路

　　本实例中制作的电视柜是一个现代风格的家具。现代风格推崇简约时尚，所以在设计时不要设计得过于复杂，但也不能太过于简单，因为除了电视柜自身的作用外，还有一个非常重要的作用就是装饰。

效果剖析

　　本实例电视柜的制作流程如下。

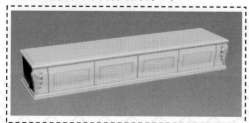

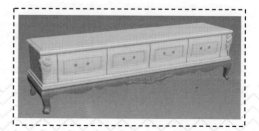

技术要点

本实例电视柜从长方体中演变改进，外形美观，所用到知识点如下。

- 多边形建模下的一些常用命令及参数设置。
- "切片平面"工具的使用方法。
- 点的焊接方法。
- "壳"工具的使用方法。

制作步骤

电视柜的制作非常简单，特别是柜体可以直接用长方体进行编辑修改，需要注意的地方就是电视柜的尺寸要把握好。

step 01 在视图中创建一个长方体，右击，在弹出的快捷菜单中选择"转换为" | "转换为可编辑多边形"命令，将模型转换为可编辑的多边形物体。选择顶部面，单击"倒角"按钮后面的■图标，在参数中多次设置挤出与倒角值，顶部倒角效果如图 2-282 所示。

在高度的中间位置加线，选择底部面删除，然后在修改器下拉列表中添加"对称"修改器，将上半部分物体向下对称复制，右击，在弹出的快捷菜单中选择"转换为" | "转换为可编辑多边形"命令，将模型再次转换为可编辑的多边形物体，按 Ctrl+Q 快捷键细分光滑显示该模型效果，如图 2-283 所示。

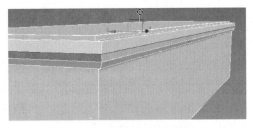

图 2-282 顶部面的倒角效果

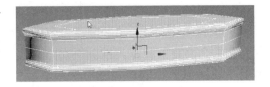

图 2-283 对称细分效果

step 02 因为边缘没有线段的约束，所以细分后的效果完全变形。处理的方法就是在边缘位置加线约束，如图 2-284 和图 2-285 所示。

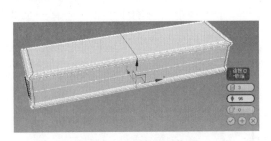

图 2-284 边缘位置加线

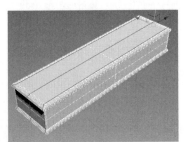

图 2-285 边缘位置加线

在物体的 Z 轴方向继续加线，将正面的部分点凸起和凹陷调整，如图 2-286 所示。

在 X 轴方向继续加线(加线的位置可以根据抽屉的大小位置加线)，删除另外一半模型，将抽屉位置的面向内倒角处理，如图 2-287 所示。进入"线段"级别，对如图 2-288 所示中的线段进行切角处理。

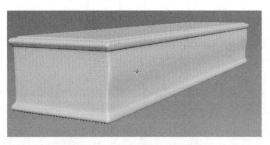

图 2-286　调整正面凸起效果

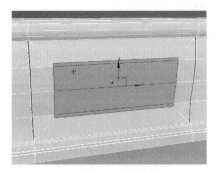

图 2-287　面的倒角

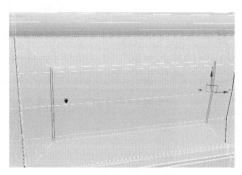

图 2-288　线段切角

选择如图 2-289 所示中的面，使用"倒角"工具向外挤出倒角。然后在两侧位置加线，如图 2-290 所示。

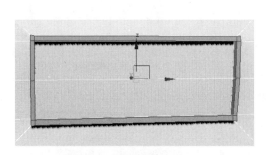

图 2-289　面的倒角效果

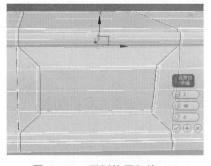

图 2-290　两侧位置加线

　注意

除了前面介绍的加线和切线方法外，还有一种快捷切线的方法。单击"切片平面"按钮，视图中会出现一个片面，该平面可以进行移动和旋转操作，当映射在模型上时会出现一条黄色的线段，调整好位置后单击"切片"按钮即可进行切片操作。该工具一般是用在不规则物体上需要进行水平切片的处理。

切片后的模型，如果有多余的点，可以单击"目标焊接"按钮，然后将需要焊接的点移动到另外一个点上单击即可完成点与点的目标焊接。点的目标焊接工具也是比较重要的一个

工具，希望用户熟悉并掌握。

使用同样的方法，将另外一个抽屉效果制作出来后，在修改器下拉列表中添加"对称"修改器对称复制出另外一半模型，效果如图 2-291 所示。

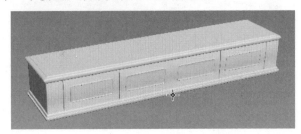

图 2-291　对称出另外一半模型

step 03 在视图中创建一个面片物体并转换为可编辑的多边形物体，通过"剪切"工具以及加线调整物体的形状如图 2-292 所示。按 4 键进入"面"级别，依次选择部分面后，使用"倒角"工具将所选面向外倒角挤出调整。面的倒角挤出效果如图 2-293 所示。

图 2-292　面片调整

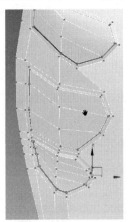

图 2-293　面的倒角挤出效果

将如图 2-294 所示中的线段切角，然后选择切角后的面向外倒角如图 2-295 所示。

图 2-294　线段切角

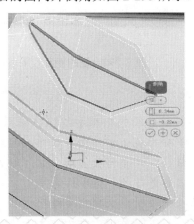

图 2-295　面的倒角

step 04 将物体沿 X 轴镜像复制并旋转 90° 调整，将两者"附加"为一个物体，然后选择边缘相对应的点，使用"焊接"工具焊接在一起，如图 2-296 所示。右击，在弹出的快捷菜单中选择"剪切"命令，将中心位置的布线重新调整，如图 2-297 所示。

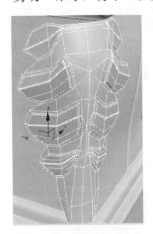

图 2-296 镜像复制调整

图 2-297 调整布线

单击▦按钮进入"修改"命令面板，单击"修改器列表"右侧的下三角按钮，在修改器下拉列表中选择"壳"修改器，调整"内部量"的值为 2 左右("壳"工具可以快速将面片物体修改成带有厚度的物体)。

将物体塌陷为可编辑多边形物体，进入"点"级别，选中"软选择"选项，选择中间部分的点向外调整，如图 2-298 所示。修改好之后，将另外一侧的模型镜像复制出来，如图 2-299 所示。

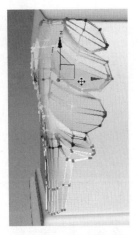

图 2-298 软选择调整

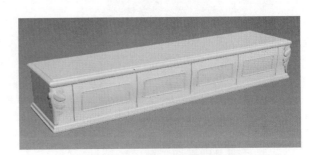

图 2-299 镜像复制调整效果

step 05 在底部边缘位置创建一个长方体并转换为可编辑的多边形物体，对其进行加线并调整成如图 2-300 所示的形状。

在修改器下拉列表中添加"对称"修改器，对称调整出另外一半。右击，在弹出的快捷菜单中选择"转换为"|"转换为可编辑多边形"命令，将模型转换为可编辑的多边形物体，修改成如图 2-301 所示的形状。

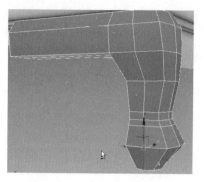

图 2-300　制作出支撑腿模型

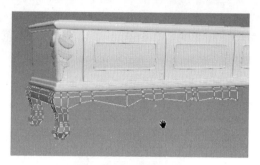

图 2-301　修改形状

部分需要表现棱角的地方需要将其所在的线段进行切角处理，比如图 2-302 所示中圆圈所处位置。

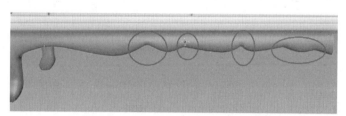

图 2-302　圆圈中线段切角后细分效果

在顶部、底部位置以及桌腿内侧位置加线，然后选择如图 2-303 所示的面向外挤出倒角调整。

将桌腿边缘拐角处的线段也切角处理如图 2-304 所示。

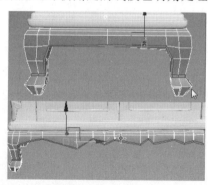

图 2-303　挤出倒角

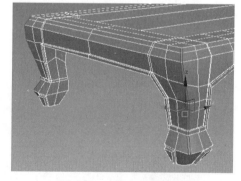

图 2-304　拐角线段切角

step 06　细节部位调整好后，通过"对称"修改器对称出另外一半模型。然后在中间表面上使用石墨建模工具栏中的"条带"工具制作出花纹效果，整体效果如图 2-305 所示。

step 07　在抽屉的位置创建一个长方体并转换为多边形物体，修改成如图 2-306 所示的形状。

进入 (层次)命令面板，单击"仅影响轴"按钮，移动调整当前物体的坐标轴心到如图 2-307 所示的位置。按住 Shift 键旋转复制(注意旋转角度)，将副本数的值设置为 15，复制效果如图 2-308 所示。

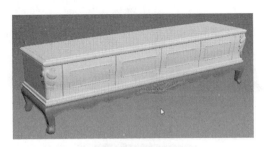

图 2-305　整体效果

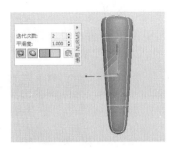

图 2-306　创建边几长方体

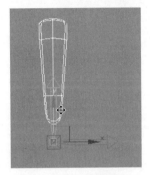

图 2-307　移动轴心

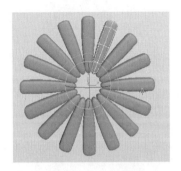

图 2-308　旋转复制

　　单击"附加"按钮，依次拾取复制的物体，将其附加为一个物体。在中心位置创建一个球体并转换为多边形物体，删除一半模型并调整到合适位置。将这两个物体向右再次复制。在前视图中创建如图 2-309 所示的样条线。

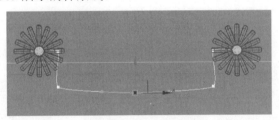

图 2-309　创建样条线

　　在"修改"命令面板中勾选"在渲染中启用""在视口中启用"复选框，将边数值设置为 8，右击，在弹出的快捷菜单中选择"转换为"｜"转换为可编辑多边形"命令，将模型转换为可编辑的多边形物体，缩放调整中间部位大小，然后在中间位置创建两个"胶囊"物体，如图 2-310 所示。

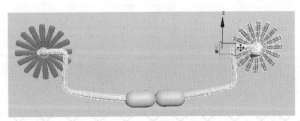

图 2-310　创建拉手效果

选择拉手所有模型，依次选择"组"｜"组"命令，将所选物体设置为一个组(设置组的作用是为了便于后面方便选择)，按住 Shift 键复制调整出剩余的拉手模型，最终效果如图 2-311 所示。

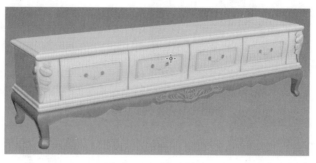

图 2-311　最终效果

实例 06 制作地柜

地柜一般是指贴近地面的柜子，设计空间比较多，能灵活运用多处存储的空间。随着地柜的普及日益广泛，在医用行业，发展出一个独立词"医用柜"。

 设计思路

本实例中设计制作的地柜为实木地柜，有点类似于红木橡木家具中的一种，考虑其实用性要多一些存储空间，考虑其美观性要注意其线条的流畅。

效果剖析

本实例地柜的制作流程如下。

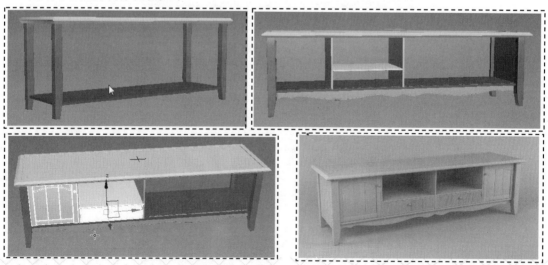

技术要点

本实例地柜考虑其实用性和美观性，所用到的技术要点如下。

● 多边形建模下的参数设置。

● 物体精确移动的控制。

制作步骤

本实例制作的地柜模型，有点类似于拼积木。其实 3D 中简单的模型制作就是像拼积木一样，把多个物体拼接在一起得到所需要的模型效果。

step 01 在视图中创建一个长方体，右击，在弹出的快捷菜单中选择"转换为"｜"转换为可编辑多边形"命令，将模型转换为可编辑的多边形物体，在厚度上完成加线、切线、面的向内挤出倒角处理等。然后选择顶部面，使用"倒角"工具向内挤出倒角；为了细分后模型不出现较大的变化，选择 4 个角上的线段，使用"切角"工具进行适当切角处理，细分后效果如图 2-312 所示。

step 02 在视图中创建一个长方体，使用对齐工具进行对齐后，将其转换为可编辑多边形整体进行调整，然后再复制调整出剩余地柜腿部模型，如图 2-313 所示。

图 2-312　面部模型效果

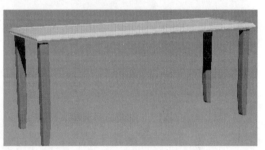

图 2-313　制作出腿部模型

step 03 在视图中继续创建一个长方体，旋转复制 90°，进入"点"级别，右击工具栏中的 ³ₐ 按钮，弹出"栅格和捕捉设置"对话框，在"选项"选项卡中勾选"启用轴约束"复选框，在"捕捉""顶点"复选框，取消其他选项的勾选，单击 ³ₐ 按钮确认开启捕捉开关。在"点"级别下先选择需要精确移动的点，沿 Y 轴移动，在移动的过程中鼠标拖到目标点上，选择的点会自动吸附和目标点进行对齐，如图 2-314 所示。

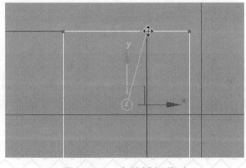

图 2-314　点的捕捉移动

通过这种方法也可以实现面与面的精确对齐。

对物体加线调整，如图 2-315 所示。(注意边缘位置加线的处理)调整好后对称出另外一半模型效果。然后在如图 2-316 所示中的位置继续加线。

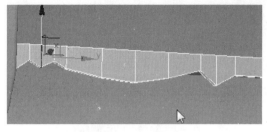

图 2-315　加线调整形状

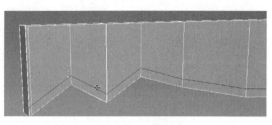

图 2-316　加线调整

单击"切角"后面的■图标，设置线段切角值为 1.2 左右，然后将切角处的面向内挤出倒角处理，细分后效果如图 2-317 所示。

step 04　复制调整出其他底部边缘以及两侧模型，创建出中间的隔板模型(可以直接以长方体模型代替)，如图 2-318 所示。

图 2-317　面的倒角效果

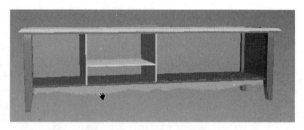

图 2-318　创建出隔板模型

在隔板中间位置创建一个长方体并转换为可编辑的多边形物体，按 Alt+Q 快捷键孤立化显示该模型，选择顶部面向下倒角挤出，将正面的面也做倒角处理，在边缘位置加线，细分后效果如图 2-319 所示。

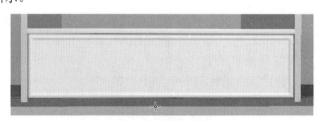

图 2-319　抽屉模型效果

step 05　在抽屉的表面位置创建一个圆柱体，注意勾选"参数"卷展栏中的"启用切片"复选框，设置切片起始位置为 90，结束位置为 270，将边数设置为 9，分段数为 1(也就是一个半圆柱体)，按住 Shift 键向右复制，复制数量直至填满抽屉物体的表面，如图 2-320 所示。

step 06　创建一个切角长方体，修改调整出拉门模型效果，如图 2-321 所示。

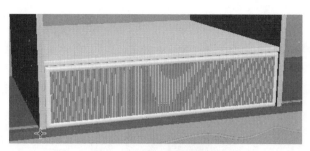

图 2-320　物体复制效果

图 2-321　拉门效果

step 07　创建一个圆柱体并转换为可编辑的多边形物体，删除背部面，选择边界线段挤出调整拉手模型，如图 2-322 所示。

step 08　镜像复制出剩余的拉手模型和右侧拉门以及抽屉模型。按 M 键打开材质编辑器，在左侧材质类型中单击标准材质并拖曳到右侧材质视图区域。选择场景中所有物体，单击 ⚏ 按钮将标准材质赋予所选择物体，效果如图 2-323 所示。

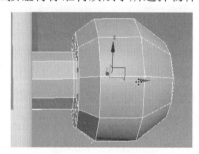

图 2-322　拉手模型

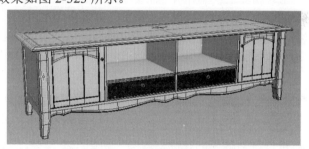

图 2-323　最终线框效果

本实例制作的地柜主要是以木质材质为主，后期如果配合贴图赋予红木等材质，效果会更加美观。本实例中虽没有太多新的知识点，但是如果能掌握最基础的建模方法也能创建出比较令人满意的效果。

实例 07 制作鞋柜

传统鞋柜就是现在家居最为常用的鞋柜，主要是为了实现鞋子的储藏功能；同时在款式上的不断变化和创新，使其能够和不同的家居环境相匹配，起到储藏鞋子和装饰的双向作用。目前最常用的是玄关鞋柜，它是现在新款鞋柜中将储藏、装饰以及实用性做得最好的传统鞋柜。

 设计思路

根据鞋柜的用途以及空间的考虑，本实例制作的鞋柜是一个带有旋转开关的传统鞋柜，上下分三层，关闭起来美观大方。

本实例制作的鞋柜模型制作过程如下。

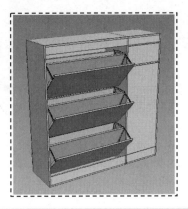

本实例模型的制作并不复杂，用到的知识点也不是很多，主要用到的技术要点如下。
● 模型之间的对齐调整。
● 共用旋转轴心的调整控制。
● 捕捉工具的使用。

step 01 在视图中创建一个长、宽、高分别为 400mm、1400mm、15mm 的长方体。该长方体可以作为鞋柜的底部、顶部、两侧模板模型，如图 2-324 所示为长方体复制、旋转调整后的效果。

旋转、复制、调整大小，制作出背板和前方顶部挡板模型，继续复制调整出右侧的柜门效果，如图 2-325 所示。

图 2-324　主体边框模型效果

图 2-325　添加背板和柜门效果

step 02 制作出底部挡板模型，然后在柜门中间位置创建一个长方体，将分段数设置为 3，此处设置分段数是为了起到尺寸的参考作用。然后创建出如图 2-326 所示的长方体。

将内部挡板物体转换为可编辑的多边形物体，单击"附加"按钮拾取其他模型进行焊接。进入 (层次)命令面板，单击"仅影响轴"按钮，将内部挡板物体的公共坐标轴心调整到底部位置，然后使用旋转工具对其旋转调整，如图 2-327 所示。

step 03　在内部挡板边缘位置创建如图 2-328 所示形状的物体，然后复制调整到右侧，如图 2-329 所示。

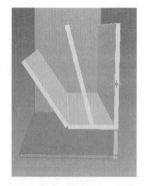

图 2-326　创建鞋柜内部挡板　　图 2-327　旋转调整　　图 2-328　创建挡板边缘物体

step 04　选择内部挡板级边缘物体进行适当旋转，使其外平面与地面垂直，沿 Z 轴向上复制两个，注意观察这 3 个物体在独立旋转时是否会发生碰撞问题，如果有问题要对其进行大小位置等调整直至满意位置，如图 2-330 所示。将每一层单独设置一个组便于方便选择，分别对每一层物体向外侧旋转调整，如图 2-331 所示。

图 2-329　复制调整出右侧模型　　图 2-330　复制出另外两层　　图 2-331　单独对每一层旋转调整

按 M 键打开材质编辑器，在左侧材质类型中单击标准材质并拖曳到右侧材质视图区域。选择场景中所有物体，单击 按钮将标准材质赋予所选择物体，效果如图 2-332 所示。

图 2-332　最终效果

本实例中鞋柜的制作非常简单，没有复杂的雕花等，唯一要注意的地方就是鞋柜内部旋转体的模型大小要控制好，最终效果虽然是静态模型，但在制作时也要按照动画标准来制作，尽量使每一层之间的模型不会发生碰撞现象。

实例 **08** 制作花架

随着人们生活水平的提高，越来越多的人喜欢在客厅养殖一些花草来增加客厅氛围，这当然就少不了花架的使用。花架上放置一些花花草草，也是一道亮丽的风景。

 设计思路

本实例中制作的花架参考古典家具特点制作一个中式风格的花架。材质以木质为主。首先从顶部面开始制作，最后制作腿部。

效果剖析

本实例花架的制作流程如下。

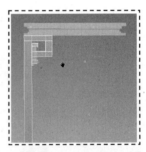
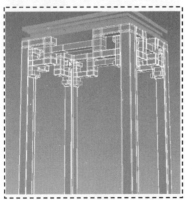

技术要点

本实例花架主要用到的技术要点如下。

多边形编辑模式下通过"边界"级别快速连续挤出调整面的方法。

制作步骤

通过前面几个实例的学习可以发现，桌面面部模型都有一个共同的特点，就是它们的形状基本上都是上下大小不一略有变化，会有一定的凸起、凹陷等大小纹路的变化。本实例制作的桌面面部也不例外。

step 01　首先创建一个长方体，设置长、宽、高为 450mm、600mm、20mm。右击，在弹出的快捷菜单中选择"转换为"｜"转换为可编辑多边形"命令，将模型转换为可编辑的多边形物体，按 4 键进入"面"级别，选择底部面删除；按 3 键进入"边界"级别，选择底部边界，按住 Shift 键配合缩放、移动工具来挤出缩放调整新的面，如图 2-333 所示。

在 X 轴、Y 轴两侧边缘分别加线，然后在厚度方向边缘位置加线，将顶部面向内挤出倒角处理，细分效果如图 2-334 所示。

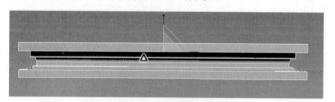

图 2-333　面部形状调整

图 2-334　加线及倒角处理效果

step 02　在视图中创建一个长方体，设置长、宽、高为 45mm、45mm、1000mm，将该长方体转换为可编辑的多边形物体，并进行加线后，将顶端右侧的面删除。然后选择边界线，按住 Shift 键移动复制出新的面(也可以选择面，使用"倒角"工具挤出调整)，如图 2-335所示。细分效果如图 2-336 所示。

图 2-335　形状调整

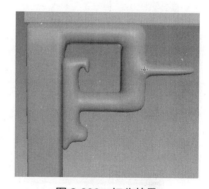

图 2-336　细分效果

从图 2-336 中的细分效果来看，效果非常不理想，这是因为边缘位置没有进行有效的线段形状约束，所以接下来就是在所有的边缘位置(上下边缘、左右边缘、厚度上的边缘等)加线处理，加线后，将该模型旋转 90°复制，如图 2-337 所示。

旋转复制后的模型和原模型相邻的面之间需要进行焊接，所以先把两个模型相邻的面删除，然后使用点的"焊接"工具或者"目标焊接"工具将相邻的点焊接起来即可。但是用焊接方法需要对每一个点逐个进行调整，比较费时费力，快捷的方法就是在"边"级别下使用"桥"命令。

首先将其中的一个模型适当移动一定距离，选择两个物体的边界如图 2-338 所示。单击"桥"按钮，桥接之后效果如图 2-339 所示。

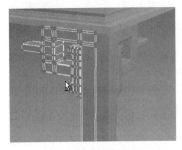

图 2-337　旋转复制

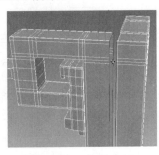

图 2-338　选择边界

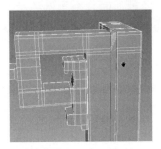

图 2-339　"桥"接效果

从图 2-339 中观察得知，效果也不是很理想，这是因为相邻之间的布线不完全一致导致的结果，处理的方法有两种。第一种是先选择对应的一部分线段进行桥接，再逐步完成整个桥接处理；第二种是在图 2-339 所示的桥接基础上直接重新调整布线。如图 2-340 所示为调整后的效果。将多余的线段移除，然后将左侧模型向右适当移动调整，如图 2-341 所示。

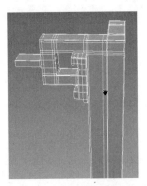

图 2-340　桥接后的调整效果

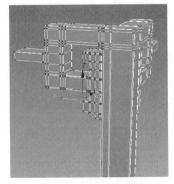

图 2-341　左侧模型向右移动调整

step 03　单击▓按钮，沿 X 轴镜像关联复制如图 2-342 所示。从图中可以观察到模型比例很不协调，所以需要调整模型之间的比例，调整的方法是进入"点"级别，选择需要调整的点，使用缩放工具进行大小比例调整，调整好之后将另外两个腿部模型也复制出来，将中心部分连接起来，效果如图 2-343 所示。

图 2-342　镜像对称复制

图 2-343　调整并复制模型

step 04 在模型底部创建一个长方体，然后进行多边形的编辑调整，形状如图 2-344 所示。

step 05 复制调整其他连接杆，然后选择整个物体进行复制并适当旋转，最终效果如图 2-345 所示。

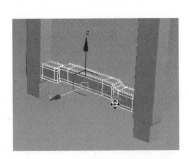

图 2-344　创建底部模型形状

图 2-345　最终效果

通过本实例的学习，要重点掌握如何利用其中一角模型来快速制作出其他相同部分的方法，此方法在后面的实例学习中也会经常用到。特别是在以后的工作中，任何对称物体均可以使用该方法来快速完成。

实例 09 制作 CD 架

CD 架，顾名思义是用来存放 CD 碟的架子，一般有置地用和案台用两种；材质分为木质、金属、塑料等多种材料。

 设计思路

根据现代家具风格独特的简约时尚特点，本实例制作的 CD 架主要从简约实用着手，设计新颖。虽没有太多的复杂工艺，但也不失大体。每一层将会给一个 45° 的倾斜角度相互叠加。

效果剖析

本实例 CD 架的制作流程如下。

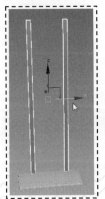 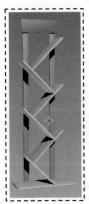 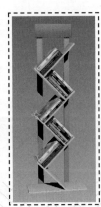

技术要点

本实例 CD 架主要用到的技术要点如下。
● 局部坐标的切换与实用方法。
● 模型的导入方法。

制作步骤

本实例制作时遵循的是从下到上的制作顺序。

step 01 首先来制作底座。底座模型的制作非常简单，就是通过一个切角长方体来完成。单击"创建"命令面板｜"扩展基本体"｜"切角长方体"按钮，在视图中创建一个长方体模型，设置长、宽、高、圆角值分别为 200mm、400mm、12mm、1.3mm。然后将该切角长方体旋转复制调整大小后，制作出背板模型，如图 2-346 所示。

step 02 旋转复制底部模型，右击，在弹出的快捷菜单中选择"转换为"｜"转换为可编辑多边形"命令，将模型转换为可编辑的多边形物体。注意，将底部的点调整至水平位置，如图 2-347 所示。

图 2-346 底座和背板模型

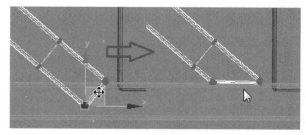

图 2-347 调整底部点

step 03 继续旋转复制中间的挡板物体，效果如图 2-348 所示。在复制调整过程中要注意每一层之间的角度尽量保持垂直。

step 04 在 CD 架顶部位置创建一个切角长方体作为一个简单的装饰品。单击界面左上角的 MAX 图标，选择"导入"｜"合并"命令，在弹出的对话框中选择要导入的模型文件双击，然后在"合并"对话框中选择要合并的 CD 盒模型文件(如果不知道哪些是需要合并的，哪些是不需要合并的，可以全部选中，待合并到场景中之后再删除不需要的即可)，CD盒合并进来后，调整它们的位置到 CD 架中，最后效果如图 2-349 所示。

 注意

在旋转物体之后，如果想继续沿物体自身的方向进行移动时，需要调整当前的坐标方式。单击工具栏中"视图"右侧的下三角按钮，选择"局部"坐标方式即可。

本实例制作起来非常简单。现实中一些简单的小设计往往能够给人意外的惊喜。所以有些物体并不需要复杂的外表，简约时尚正是现在家具设计中不可缺少的元素。

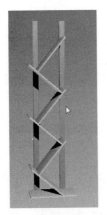

图 2-348 复制调整中间挡板

图 2-349 合并 CD 盒模型

实例 10 制作装饰柜

所谓的装饰柜，顾名思义，就是用来做装饰的柜子。而这些柜子不仅起到装饰的作用，而且更具有实用价值，可以作为储物空间使用。

根据美式中主要强调视觉美观效果，具有自由表现力的家具开始成为时尚，色彩、结构、线条这些简单的元素在家具设计中尽显创意的光芒，并在概念艺术影响下形成了独树一帜的美国审美观。它给人的感觉仿佛回到大自然的怀抱，于是讲究自然舒适、温馨写意的美式家具开始越来越受到人们的喜爱。

效果剖析

本实例装饰框的制作流程如下。

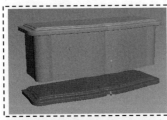

本实例中的美式装饰柜效果，从美观与储物两方面结合，给人一种大气效果，主要用到的制作技术要点如下。

- 样条线的创建方法及参数设置。
- "倒角剖面"修改器的使用方法。
- "阵列"工具复制物体的方法。
- "快照"工具沿路径复制物体的方法。

本实例先制作出装饰框的柜子面和底部面，然后制作支撑腿部模型，最后制作雕花以及边缘纹理。

step 01 首先制作柜面时不再使用长方体创建并修改完成，而是使用样条线绘制出形状，再使用倒角剖面的方法来生成三维模型。单击 █(创建)｜█(图形)｜"线"按钮，在视图中创建如图 2-350 所示的样条线。

单击█按钮沿 X 轴镜像复制，单击"附加"按钮拾取另外一条样条线，将两者附加为一条样条线，框选对称中心位置的点，单击"焊接"按钮将相邻的两个点焊接在一起，如图 2-351 所示。

图 2-350　创建样条线

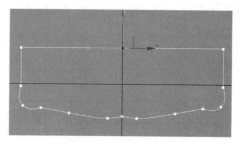

图 2-351　镜像调整

step 02 在前视图中创建一个如图 2-352 所示的样条线，单击"圆角"按钮，将拐角处的直角点处理成带有弧度的圆角点，如图 2-353 所示。

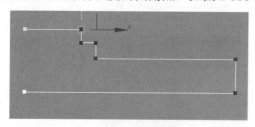

图 2-352　创建样条线

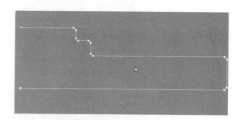

图 2-353　圆角处理

step 03 选择步骤 1 中创建的样条线，在修改器下拉列表中添加"倒角剖面"修改器，单击"拾取剖面"按钮拾取步骤 2 中创建的样条线，这样就完成了由二维曲线生成三维模型的转换，效果如图 2-354 所示。

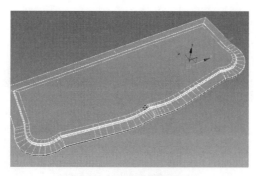

图 2-354　倒角剖面后效果

step 04 将步骤一创建的样条线向下复制两条，先选择其中一条，在"修改"命令面板下的"插值"卷展栏中设置"步数"值为 1(这样做是为了降低样条线的精度便于后期多边形的布线调整)，在修改器下拉列表中添加"挤出"修改器，设置挤出厚度值为 38 左右，然后将该物体塌陷为可编辑的多边形物体，效果如图 2-355 所示。

图 2-355 中的模型如果需要细分，很明显当前状态下布线效果不理想，需要重新调整布线，调整的方法也很简单，在背部位置的边上加线，然后选择前后对应的点按 Ctrl+Shift+E 快捷键加线连接即可，也可以右击选择"剪切"命令手动剪切调整布线；除此之外，还可以使用"切片"工具和"快速切片"工具来调整。不管用哪种方法，自己感觉最快捷的方法就是好方法。调整后的布线效果如图 2-356 所示。

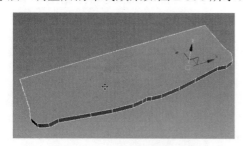

图 2-355　样条线的挤出效果

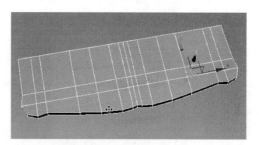

图 2-356　调整布线效果

选择顶部面，使用"倒角"工具调整出如图 2-357 所示的效果。

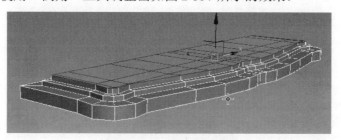

图 2-357　面的倒角调整

在"面"级别下选择背部如图 2-358 所示中的面并进行删除，然后进入"边界"级别，使用缩放工具沿 Y 轴方向多次缩放在一个水平面内，单击"封口"按钮进行封口处理，然后调整一下布线效果，在边缘位置加线。效果如图 2-359 所示。

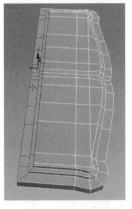

图 2-358　删除选择面

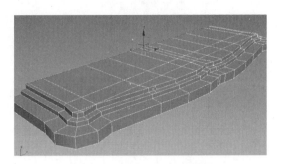

图 2-359　背部面的处理效果

选择拐角处的环形线段进行切角处理，细分效果如图 2-360 所示。

为步骤 4 中复制的样条线添加"挤出"修改器，设置挤出值为 400mm，调整位置效果如图 2-361 所示。

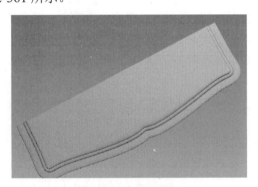

图 2-360　细分效果

图 2-361　整体效果

step 05　选择柜体模型，在修改器列表框中单击 Line 级别，这样物体又回到了样条线级别，可以对样条线进行修改调整处理。移动修改圆角处的点向内凹陷的效果如图 2-362 所示。

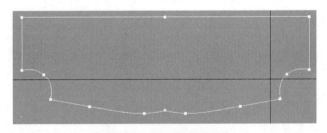

图 2-362　修改样条线形状

单击修改器列表框中的"挤出"级别，这样模型又回到了添加"挤出"修改器后的效果。在拐角的凹陷位置创建一个圆柱体并转换为可编辑的多边形物体，并将其调整为如图 2-363 所示的形状。将调整后的模型向上复制一个并进行重新调整，如图 2-364 所示。

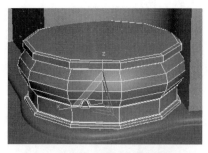

图 2-363　调整多边形物体

图 2-364　复制调整形状

在两模型中间位置创建一个圆柱体，然后在上方物体的表面处创建一个球体，为了节省面数可以将球体转换为多边形物体，然后删除一半，向下复制几个移动旋转调整至模型表面如图 2-365 所示。

step 06　选择移动复制后的 4 个模型，然后在工具栏中单击"视图"右侧的下三角按钮，选择"拾取"选项，在视图中拾取图 2-364 所示中的模型，单击 图标切换坐标方式，在工具栏空白处右击后选择"附加"命令，此时会弹出一个"附加"工具栏，单击按钮，在弹出的"阵列"对话框中设置 Z 轴的旋转角度和数量值，单击"预览"按钮，阵列效果如图 2-366 所示。

图 2-365　复制调整

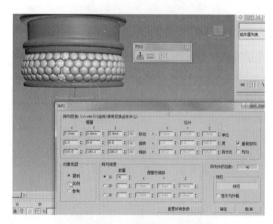

图 2-366　物体的阵列复制

注意

在使用阵列预览时，通常把"阵列"对话框移动到一边，将要阵列的物体尽量在视图中显示出来，不要使"阵列"对话框遮挡住阵列复制的物体以便于直观地观察阵列之后效果。

同样，在该模型表面上创建一个如图 2-367 所示的形状，调整好旋转轴心，利用"阵列"工具复制调整出一圈模型，效果如图 2-368 所示。

在底部创建出腿部支撑模型如图 2-369 所示。然后对上方的立方体修改调整成如图 2-370 所示的形状。

step 07　在立方体的表面位置创建一个圆柱体，设置边数为 6，右击，在弹出的快捷菜单

中选择"转换为"｜"转换为可编辑多边形"命令，将模型转换为可编辑的多边形物体，加线调整为如图 2-371 所示。继续挤出调整面为如图 2-372 所示的效果。

图 2-367　创建物体

图 2-368　阵列复制效果

图 2-369　创建支撑腿部模型

图 2-370　立方体修改效果

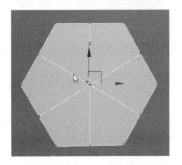

图 2-371　加线效果

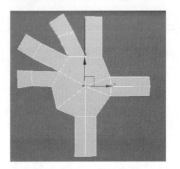

图 2-372　面的挤出调整效果

将该物体沿 X 轴镜像复制后并将其附加在一起，中间部分连接起来，效果如图 2-373 所示。

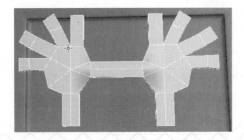

图 2-373　镜像对称复制调整

将该物体沿 Z 轴镜像复制将其附加在一起，中间部分连接起来，效果如图 2-374 所示。

在复制后的整个模型中心位置创建一个长方体，对其调整形状后进行细分，然后对雕花部分的整体选择，复制调整到其他面上，如图 2-375 所示。

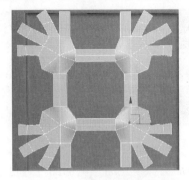

图 2-374　镜像对称复制调整

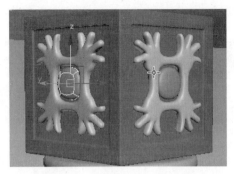

图 2-375　复制调整出其他面雕花

使用同样的方法，制作出底部雕花模型如图 2-376 所示。

将右侧腿部支撑模型复制出来，效果如图 2-377 所示。

图 2-376　底部雕花制作效果

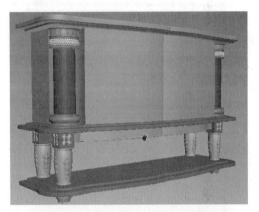

图 2-377　复制右侧腿部模型效果

step 08 在步骤 1 中创建的样条线上创建一个长方体，选择菜单栏中的"动画"｜"约束"｜"路径约束"命令，然后在视图中单击图 2-378 所示中绿色的样条线，这样就把长方体模型约束在了该路径上。拖动视图底部的时间滑块会发现长方体将沿着路径移动。

图 2-378　路径约束

选择菜单栏中的"工具"｜"快照"命令，在弹出的"快照"对话框中设置副本的数量

为 80，其他值保持不变(该对话框中参数的意义就是从 0 帧到 100 帧之间复制多少个副本)，快照后效果如图 2-379 所示。

右击选择"全部取消隐藏"命令，将隐藏的物体显示出来，效果如图 2-380 所示。

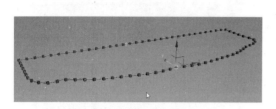

图 2-379　快照复制效果

图 2-380　整体效果

step 09　将柜体模型沿 Z 轴复制，删除多余的面后只保留正面左侧的面，通过加线、倒角等制作出柜门效果，制作过程如图 2-381～图 2-384 所示。

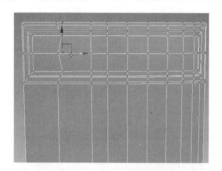

图 2-381　柜门调整过程 1

图 2-382　柜门调整过程 2

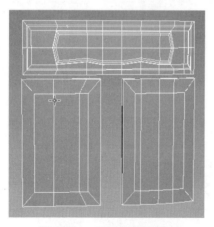

图 2-383　柜门调整过程 3

图 2-384　柜门调整过程 4

创建出拉环模型如图 2-385 和图 2-386 所示。

将右侧柜门和拉手模型对称复制出来。按 M 键打开材质编辑器，在左侧材质类型中单击标准材质并拖曳到右侧材质视图区域。选择场景中所有物体，单击■按钮将标准材质赋予所选择物体，效果如图 2-387 所示。

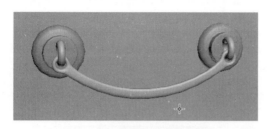

图 2-385　抽屉拉手模型效果

图 2-386　框门拉手模型效果

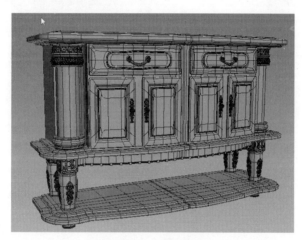

图 2-387　最终效果

　　本实例制作的装饰柜模型是属于比较复杂的一种，并且学习了阵列、路径约束、快照等工具对物体的新的复制方法。这几个工具的使用也比较重要，用户在学习时一定要多加练习，熟练掌握其中技巧。

第 **3** 章

卧室家具设计

卧室是所有房间中最为私密的地方，然而也是最浪漫、个性的地方，卧室面积一般在 20 平方米左右，因此卧室主要功能不仅仅是提供给你一个舒适的安睡环境，还得兼具储物的功能。它应该具有安静、温馨的特征，从选材、色彩、室内灯光布局到室内物件的摆设都要经过精心设计。卧室家具包括床、床垫、衣柜、梳妆台和床头柜，以及床上用品等。它们无疑是卧室中的主角，一套好的卧室家具，尤其是床，能改变一个人的生活质量。所以一间理想的卧室，总能让人身心两悦，即同时满足了感情和生理的需要，最终成为生活中的绿洲。

本章主要从床、床头柜、化妆台、妆凳、衣柜、床尾凳、穿衣镜这几个方面来重点学习一下卧室家具的设计制作方法。

实例 01 制作床

现代床，包括床架和床垫两部分。床的设计要注意几点，首先是稳固，不能睡上去有摇晃的感觉。其次是造型要简洁，线条直来直去的床具比较符合消费者的购买思路。最后是床头的面积有加大的趋势，并且要做出特色。作为家具设计者，对床这类家具，把最出色的环节搁在了床头上。床的尺寸一般分为单人床和双人床，单人床的尺寸一般为 120cm×200cm 和 150cm×200cm，双人床的尺寸一般在 180cm×200cm、180cm×220cm。

 设计思路

根据美式中主要强调舒适性，让人躺在床上感觉像被温柔地环抱住一般的特点来设计制作一个欧式床，床腿、床板、床垫没有什么特别之处，将最出色的设计放在床头上，显得更加高端大气。

效果剖析

本实例美式床的制作流程如下。

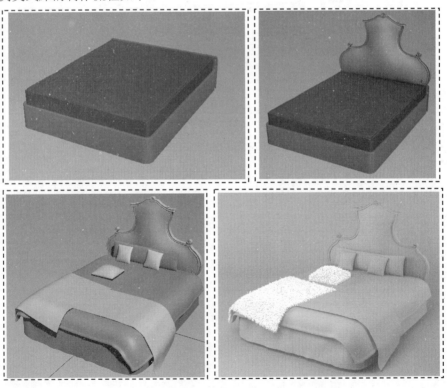

技术要点

本实例美式床，从风格出发，注重美观性、实用性和舒适性相结合，表现出美式大床的高端大气效果。本节主要用到的技术要点如下。

- 布料系统制作床单的技巧。
- 动力学系统制作床单。
- VRay 渲染器的简单设置。
- VRay 毛发的使用。
- 噪波修改器的使用方法。
- 样条线编辑下参数的使用。
- 多边形编辑下的笔刷雕刻工具的使用。
- 多边形编辑下光滑组的设定。

制作步骤

先来制作床身然后是床头，最后再来制作出床单及毛毯效果。

step 01　在视图中创建一个矩形，设置长、宽为 2200mm、1800mm，右击，在弹出的快捷菜单中选择"转换为"｜"转换为可编辑样条线"命令，将矩形转换为可编辑的样条线，使用"圆角"命令将 4 个角的点处理为圆角点。沿 Z 轴再向上复制一个，单击"轮廓"按钮在样条线上单击鼠标左键并拖动鼠标向外挤出轮廓，如图 3-1 所示。

在修改器下拉列表中添加"挤出"修改器，将挤出值设置为 320mm，将该物体转换为可编辑的多边形物体，对其布线简单调整。按 2 键进入"线段"级别，选择顶部边缘线段，单击"切角"按钮后面的 ▣ 图标，设置切角值为 4mm，单击 ⊞ 按钮再次调整切角值后确定，效果如图 3-2 所示。

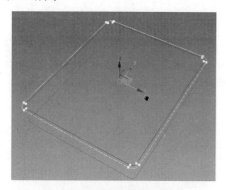

图 3-1　样条线轮廓的制作

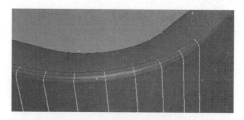

图 3-2　线段切角效果

step 02　选择开始创建的样条线在修改器下拉列表中添加"挤出"修改器，设置挤出数量值为 280mm，然后在床板上方位置创建一个长方体，转换为可编辑的多边形物体后将边缘的面适当向上凸起调整如图 3-3 所示。

在该模型的中间部分加线，然后细分塌陷来增加模型线段数量，选择床垫上方的面然后在修改器下拉列表中添加"噪波"修改器，在参数面板中线调整 XYZ 轴的噪波"强度"值，然后降低"比例"值，给当前选择的面添加随机凸起和凹陷效果。

在床头位置创建如图 3-4 和图 3-5 所示中的模型效果。然后将这两个物体镜像复制出另外一半模型。

图 3-3　创建修改床垫模型

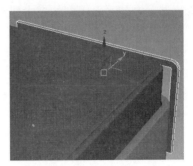

图 3-4　床头物体的创建

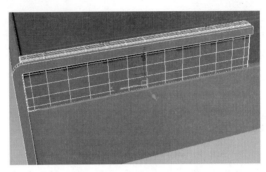

图 3-5　床头物体的创建

step 03　单击 (创建) | (图形) | "线"按钮，在视图中创建如图 3-6 所示的样条线(在创建样条线时不可能一步就能创建出所需的形状，所以可以先创建大致形状，细节的地方可以进入"点"级别对其进行点的调整)。修改好之后，单击 按钮沿 X 轴对称复制，然后单击"附加"按钮，拾取另外一条样条线，将两条线段附加在一起，然后再将对称中心处的两个点焊接起来，如图 3-7 所示。

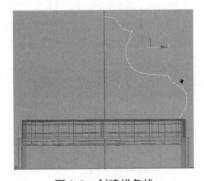

图 3-6　创建样条线

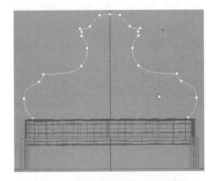

图 3-7　样条线镜像复制调整

　　设置"插值"面板下的"步数"值为 1，在修改器下拉列表中添加"挤出"修改器，设置挤出数量值为 60mm，右击，在弹出的快捷菜单中选择"转换为" | "转换为可编辑多边形"命令，将模型塌陷为多边形物体，删除一半模型，然后手动调整另外一半模型布线效果如图 3-8 所示。

　　在修改器下拉列表中添加"对称"修改器，将调整好的模型对称出另外一半。将该模型再次塌陷为多边形物体，展开"绘制变形"卷展栏，单击"推/拉"按钮，调整笔刷大小和笔刷强度，在床头模型的正面上涂抹(如果涂抹面凸起效果不理想，适当加线增加模型面数)，同时配合软选择工具和石墨建模工具栏中的"偏移"工具将正面的面向外做凸起调整，调整效果如图 3-9 所示。

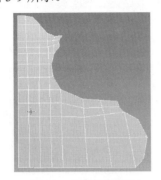

图 3-8　调整布线效果

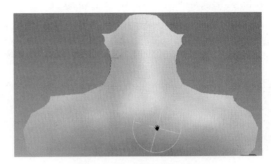

图 3-9　松弛笔刷雕刻效果

在涂抹时可以单击"松弛"按钮配合松弛工具将面调整光滑。

step 04　在床头的边缘位置创建一个面片，按住 Shift 键移动拖动出新的面调整至如图 3-10 所示的形状。

加线，然后选择图 3-11 所示中的面，使用"倒角"工具向外挤出面，调整形状至图 3-12 所示。

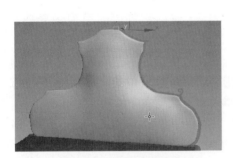

图 3-10　边缘形状调整

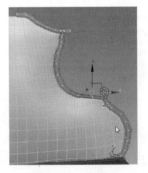

图 3-11　选择面

继续细化调整该模型形状，然后在中间位置创建如图 3-13 所示的物体。

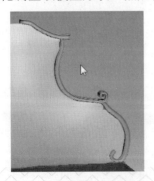

图 3-12　面的挤出调整效果

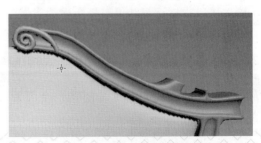

图 3-13　继续调整效果

在床头上方中间位置创建一个圆柱体并将其转换为可编辑的多边形物体，删除背部面，选择部分面单击"倒角"按钮后面的■图标，在弹出的"倒角"快捷参数面板中设置倒角方式为"按多边形"，倒角出面，如图 3-14 所示。

加线后继续调整倒角面效果，如图 3-15 所示。

将右侧调整的床头边缘雕花模型镜像复制到左侧效果如图 3-16 所示。

图 3-14　"按多边形"方式倒角

图 3-15　继续调整形状细分效果

图 3-16　镜像复制效果

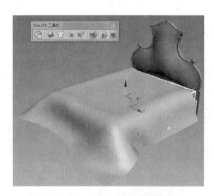

图 3-17　动力学计算效果

step 05　在顶视图中创建一个面片，面片的大小要比床垫大，并移动到床垫的上方，同时还要保证该面片的分段数足够高。在工具栏空白处右击选择"MassFx 工具栏"命令，然后选择面片物体，单击"MassFx 工具栏"上的🛋按钮，然后选择床垫和下方的床框模型，单击⦿按钮在弹出的几个命令中单击"将选定项设置为静态刚体"，单击▶按钮运算。运算后的模型效果如图 3-17 所示。

该方法是一种比较快捷的制作床单模型的方法，除此之外还可以利用 3ds Max 软件中的布料系统来完成。选择面片物体，在修改器下拉列表中添加 Cloth 修改器，单击参数下的"对象属性"按钮，在弹出的"对象属性"面板中单击预设值下的小三角按钮，这里系统预设了许多布料属性，这里先给它制定一个 Cotton 棉布材质，然后单击"添加对象"按钮，在弹出的"添加对象到布料模拟"对话框中选择床垫和床身模型添加到对象属性面板中，选择床垫和床身模型的名称，选中"冲突对象"单选按钮，其他参数保持不变。设置完成后，单击"模拟局部"按钮进行布料运算模拟，运算效果如图 3-18 所示。

从动力学运算和布料系统运算的结果来看，效果虽有一定的差异但都能够达到基本的需求，这里可以根据运算结果选择合适的方法。这里暂时选择布料系统运算的结果模型。

将该模型塌陷，对两个角落的面重新调整，调整后效果如图 3-19 所示。

选择所有面，单击"多边形：平滑组"卷展栏下的"自动平滑"按钮，将当前所选择的面重新制定平滑组。

step 06　在顶视图中继续创建一个面片物体，用动力学系统快速制作出床单模型，如图 3-20 所示。

在修改器下拉列表中添加"壳"修改器，该修改器可以快速将单面物体转换为带有厚度的物体，设置"外部量"参数值为 15mm，右击，在弹出的快捷菜单中选择"转换为" │

"转换为可编辑多边形"命令，将模型塌陷为可编辑的多边形物体，在边缘位置加线并选择边缘部位面，使用"倒角"工具向外倒角处理，细分之后效果如图 3-21 所示。

图 3-18　布料系统运算效果

图 3-19　调整角模型效果

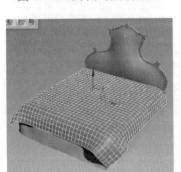

图 3-20　动力学制作出床单模型

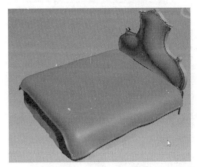

图 3-21　床单效果

step 07　使用同样的方法制作出图 3-22 所示的形状。

step 08　在视图中创建长方体并转换为可编辑的多边形物体，加线调整，使中间部分凸起，调整之后复制几个旋转移动调整，效果如图 3-23 所示。

图 3-22　形状效果

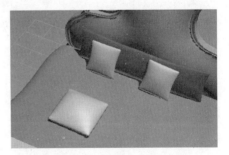

图 3-23　靠枕及抱枕模型制作

step 09　用动力学系统制作出图 3-24 中的模型效果。

当前物体作为一个类似毛毯的物体，大家都知道毛毯上带有很多毛茸茸的布料，那么这种布料该如何来表现呢？可以使用 VRay 的毛发系统。在"创建"命令面板下的下拉列表中选择 VRay，然后在 VRay 面板下单击 VRayFur(毛发)，添加毛发后的效果如图 3-25 所示。

要观察毛发渲染效果，需先将渲染器设置为 VRay 渲染器。按 F10 键，在"指定渲染器"卷展栏下单击产品后面的 按钮，在"选择渲染器"面板下选择 V-Ray RT 渲染器，单

击"渲染"按钮，渲染效果如图 3-26 所示。

毛发的数量多少与原面片物体的面数有一定的关系，也可以在"参数"卷展栏中调整，将面片物体细分 2 级，再次渲染效果如图 3-27 所示。

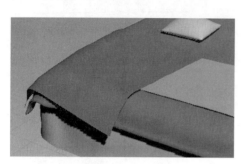

图 3-24　模型效果

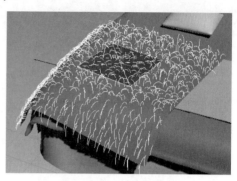

图 3-25　添加毛发效果

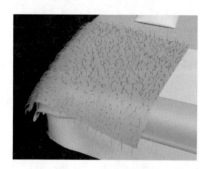

图 3-26　毛发渲染效果

图 3-27　增加面数后毛发渲染效果

毛发的颜色可以通过赋予材质的方法来调整。按 M 键打开材质编辑器，选择默认材质制定给毛发系统，将漫反射颜色设置为白色。毛发的长短、粗细、重力效果等可以在参数面板下调整。将抱枕模型也添加毛发效果，调整"参数"卷展栏下的 Per face 参数值为 10(它的意思是每个面片上毛发的数量值)。渲染效果如图 3-28 所示。

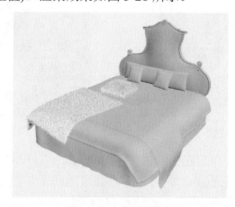

图 3-28　整体效果

本实例中制作的床用到了许多新的知识点，特别是布料系统和动力学系统，用户一定要熟练掌握。虽然动力学系统主要用来制作动画，但是在某些特定情况下制作一些静物模型时也能达到很好的效果。

实例 **02** 制作床头柜

床头柜是指放置与床两边的小柜子，床头柜可以收纳一些日常用品，放置床头灯。贮藏于床头柜中的物品，大多为了适应需要和取用的物品如药品等，摆放在床头柜上的则多是为卧室增添温馨的气氛的一些照片、小幅画、插花等。随着床的变化和个性化壁灯的设计，使床头柜的款式也随之丰富，装饰作用显得比实用性更重要了。床头柜已经告别了以前不注重设计的时代，设计感越来越强的床头柜正逐渐崭露头角，它们的出现，使床头柜可以不再成双成对，按部就班地守护在床的两旁，就算只选择一个床头柜，也不必担心产生单调感。

 设计思路

本实例设计制作的床头柜不再遵循按照左右对称的标准来制作，打破了成双成对的思想，使设计更加新颖大方。

效果剖析

本实例床头柜制作流程如下。

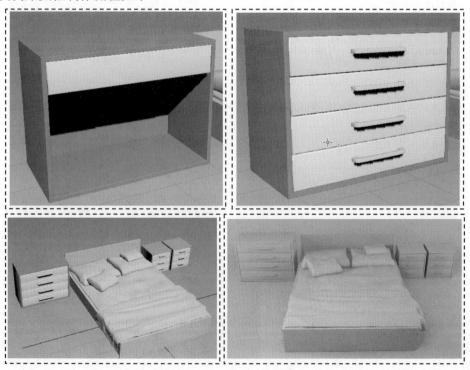

技术要点

本实例制作的床头柜，主要用到的技术要点如下。

多边形编辑下不细分时边缘圆角的处理。

制作步骤

本实例中制作的床头柜模型非常简单，主要有长方体和切角长方体像堆积木一样堆砌而成。在制作之前为了增加场景气氛，直接先导入了一张床。

step 01 在视图中创建一个长方体，设置长、宽、高分别为 400mm、800mm、600mm，然后在高度位置上添加 3 条线段使其模型平均分为 4 段。

按 4 键进入"面"级别，选择正面所有面，单击"倒角"按钮后面的 图标，在弹出的"倒角"快捷参数面板中设置先向内缩放，然后向内挤出调整，如图 3-29 所示。按 2 键进入"线段"级别，选择内外边缘的线段，使用"切角"工具对线段切角处理(切角时分两次连续切角处理)，如图 3-30 所示。

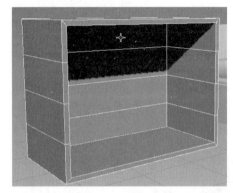

图 3-29　面的倒角

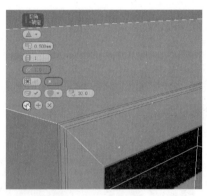

图 3-30　线段的连续切角

step 02 在抽屉的位置创建一个长方体并转换为多边形物体，将顶部的面向下切角挤出制作出抽屉效果，然后对边缘线段同样做连续切角处理，如图 3-31 所示。

在抽屉正前方位置创建一个长方体对其进行多边形编辑，将两侧的面向内挤出，在边缘位置加线，细分效果如图 3-32 所示。

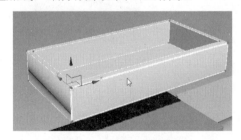

图 3-31　制作出抽屉效果

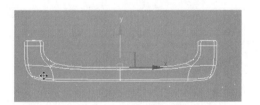

图 3-32　制作出拉手模型

将抽屉和拉手模型向下复制调整效果如图 3-33 所示。

step 03 在床的另一侧创建一个长、宽、高为 370mm、435mm、420mm 的长方体，该长方体只是作为一个尺寸的参考。接下来换一种方法来注重床头柜模型。

单击 (创建)| (图形)|"矩形"按钮，在视图中创建一个矩形，右击，在弹出的快捷菜单中选择"转换为"|"转换为可编辑样条线"命令，将矩形转换为可编辑的样条线，选

择右侧的两个点，单击"圆角"按钮将这两个点处理成圆角点，然后在修改器下拉列表中添加"挤出"修改器，设置挤出数量值为 435mm，按下 A 键打开角度捕捉，旋转 90° 复制调整高低和位置后再复制到另外一侧。将两个模型附加起来，在底部位置加线，然后选择相对应的面，单击"桥"按钮，中间自动生成面，如图 3-34 所示。

图 3-33　抽屉的复制效果

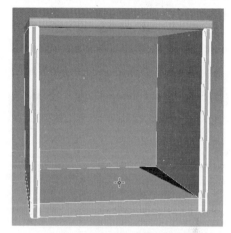

图 3-34　制作另外床头柜的框架

在背部位置创建一个长方体作为床头柜的背板模型，将制作好的抽屉模型复制到右侧位置调整大小，如图 3-35 所示。

step 04 ▶ 将拉手模型也复制出来后再整体复制一个床头柜模型，最终效果如图 3-36 所示。

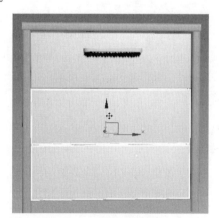

图 3-35　复制调整抽屉大小

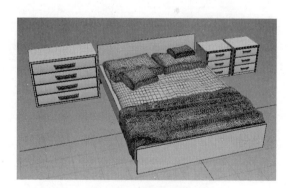

图 3-36　最终线框效果

本实例的床头柜制作非常简单，唯一要注意的地方就是物体边缘圆角的处理。

实例 03 制作梳妆台

梳妆台指用来化妆的家具装饰。在卧室家具中越来越被年轻女性所喜爱，也是设计师广

泛设计的家具之一。

　　梳妆台的特点那就是要有一面大镜子，所以除了桌子的制作之外一定要设计制作出一个美观的镜子。

效果剖析

　　本实例梳妆台的制作流程如下。

技术要点

　　本实例梳妆台用到的技术要点如下。

● 　椭圆形物体的制作方法。

● 　FFD 修改器的使用方法。

制作步骤

　　step 01　在视图中创建一个长、宽、高分别为 500mm、800mm、20mm 的长方体，右击，在弹出的快捷菜单中选择"转换为"｜"转换为可编辑多边形"命令，将模型转换为可编辑的多边形物体，对顶部面做挤出倒角调整，然后在边缘位置加线处理。在该物体下方位置再创建一个长方体，对其进行多边形形状调整，如图 3-37 所示。

在对称中心位置加线，然后选择前后两条线段，单击"桥"按钮使之中间自动连接出新的面，然后选择边界线单击"补洞"按钮将洞口封闭起来。选择左侧线段，单击"切角"按钮将直角边处理为圆角边，效果如图 3-38 所示。

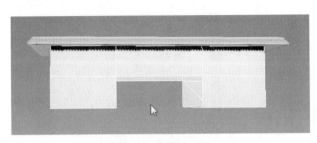

图 3-37　桌面的制作

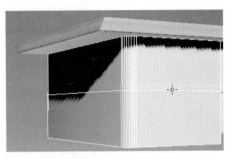

图 3-38　圆角边处理

继续在 Z 轴方向上加线，然后选择如图 3-39 所示中的面向下挤出处理，效果如图 3-40 所示。

图 3-39　选择面

图 3-40　面向下挤出调整

同样继续加线，将左侧部分面向下倒角挤出效果如图 3-41 所示。选择正面抽屉的位置的面向下挤出倒角效果，如图 3-42 所示。

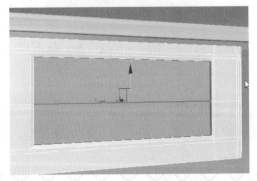

图 3-41　面的倒角效果

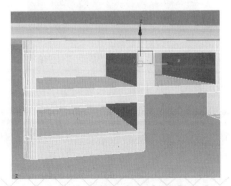

图 3-42　面的向下挤出效果

step 02 删除另外一半模型，将左侧模型通过"对称"修改器对称出另外一半。在抽屉位置创建一个长方体，转换为多边形物体之后加线，调整点的位置至如图 3-43 所示形状。

选择中间部位的面，使用"倒角"工具连续向下挤出倒角，然后将抽屉边缘位置的直角边处理成圆角边，效果如图 3-44 所示。

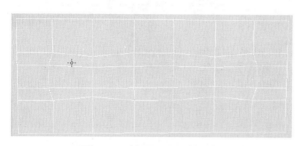

图 3-43 抽屉正面形状调整

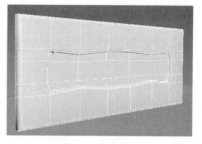

图 3-44 抽屉正面效果

选择该物体背部的面，然后挤出面，将顶部的面向下挤出制作出抽屉模型，如图 3-45 所示。

图 3-45 抽屉效果

step 03 将该物体移动复制调整到合适位置，然后创建一个圆柱体并转换为可编辑的多边形物体，调整形状至图 3-46 所示。将背部的面挤出并缩放调整成如图 3-47 所示。

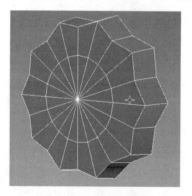

图 3-46 圆柱体编辑

图 3-47 挤出面

将该物体细分之后复制调整出其他抽屉模型效果如图 3-48 所示。

step 04 在桌腿的位置创建一个长方体，然后对其进行可编辑的多边形形状调整，调整过程如图 3-49～图 3-51 所示。

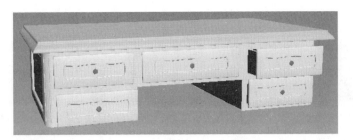

图 3-48　复制出其他抽屉模型

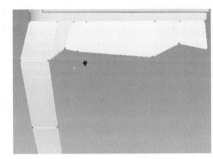

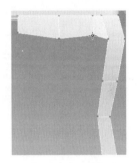

图 3-49　桌腿调整过程　　　图 3-50　桌腿调整过程　　　图 3-51　桌腿调整过程

在拐角及边缘位置加线，然后在修改器下拉列表中添加"对称"修改器，沿 Y 轴对称出另外一个腿部模型后塌陷为多边形，继续在边缘位置加线，然后选择如图 3-52 所示边缘的面向外倒角处理，效果如图 3-53 所示。

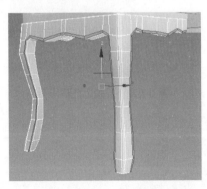

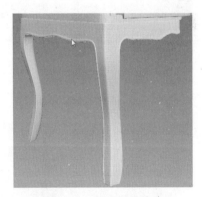

图 3-52　选择面　　　　　　　　　图 3-53　面的倒角效果

step 05　单击 按钮，沿 X 轴方向镜像关联复制出另外一侧腿部模型。然后在桌子上方位置创建一个半径为 300 的圆柱体，设置边数值为 18，将正面的面向下倒角处理，在修改器下拉列表中添加 FFD 2×2×2 修改器，按 1 键进入 FFD 子级别，选择左侧的点向右移动，效果如图 3-54 所示。

在镜子的侧边创建一个长方体模型，转化为多边形物体后进行形状的编辑调整效果如

图 3-55 所示。然后将制作好的镜子边框物体镜像复制到右侧。

图 3-54　FFD 修改器修改镜子形状

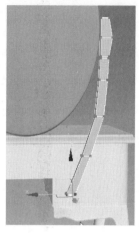

图 3-55　镜子边框制作

step 06　在视图中创建一个圆柱体并转换为多边形物体，选择面挤出倒角操作制作出梳妆凳的面部物体如图 3-56 所示。制作出梳妆凳的腿部模型效果如图 3-57 所示。

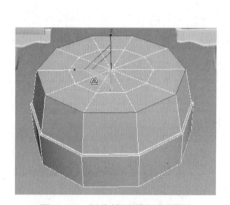

图 3-56　制作梳妆凳面部模型

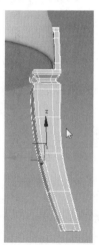

图 3-57　梳妆凳腿部模型制作

旋转复制出剩余三个梳妆凳腿部模型，最后整体效果如图 3-58 所示。

图 3-58　最终效果

本实例中学习的 FFD 修改器主要是用来通过可控点的调整从而影响到模型的变化，它有点类似于"多边形编辑"卷展栏下的软选择工具，但是在调节模型形状时 FFD 修改器更加直观、快捷。

实例 04 制作妆凳

设计思路

根据欧美风格的家具中强调美观和舒适性着手，来制作出一个欧美风格的妆凳。座椅和靠椅部分是连接在一起的皮质效果，腿部模型着重形状的变化来设计。

效果剖析

本实例妆凳的制作流程如下。

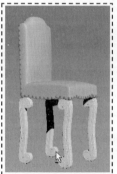

技术要点

本实例主要用到的技术要点如下。

- 路径约束的使用。
- 快照工具沿着路径快速复制物体方法。
- 雕花纹路的制作方法。
- FFD 3×3×3 修改器的使用方法。

制作步骤

先制作出妆凳的坐垫和靠垫模型，然后再制作腿部模型。接下来看一下其制作过程。

step 01　在视图中创建一个长方体模型并转换为可编辑的多边形物体，选择边，按 Ctrl+Shift+E 快捷键快速加线，中间的面向上移动调整，将其中一角的底部调节出带有弧度的曲线，如图 3-59 所示。

将弧度拐角位置的线段切角处理(这样做是为了在细分之后弧度效果更加明显)，调整好之后删除其他 3 个角位置的模型，只保留调整好的 1/4 角模型，在修改器下拉列表中添加"对称"修改器，沿 X 轴对称，然后再次添加"对称"修改器，沿 Y 轴对称，模型效果如图 3-60

所示。

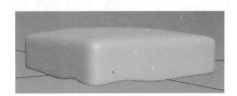

图 3-59　调整一角曲线

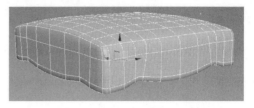

图 3-60　"对称"修改器调整出其他部位模型

step 02　选择顶部后方的面向上挤出调整，过程如图 3-61 和图 3-62 所示。

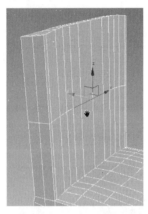

图 3-61　挤出靠背模型

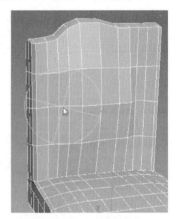

图 3-62　形状调整

选择靠背和坐垫交界处的线段切角处理，然后在修改器下拉列表中添加 FFD 3×3×3"修改器，进入其的子级别，选择左上角的点向内侧位置移动调整，如图 3-63 所示。

删除一半模型，然后添加"对称"修改器，将调整好的一半模型通过对称的方法直接镜像出来，效果如图 3-64 所示。右击，在弹出的快捷菜单中选择"转换为" | "转换为可编辑多边形"命令，将模型塌陷为可编辑的多边形物体。

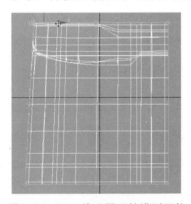

图 3-63　FFD 修改器调整模型形状

图 3-64　对称后效果

step 03　创建修改处如图 3-65 所示形状的物体。将该模型移动到靠背的边缘位置。
选择座椅靠背和底座边缘的环形线段，单击"利用所选内容创建图形"按钮，将选择的线段分离为独立的样条线，选择该样条线和图 3-65 所示中的模型，按 Alt+Q 快捷键将它们独立显示。然后选择图 3-65 中模型，选择菜单栏中的"动画"｜"约束"｜"路径约束"，拾取分离出来的样条线完成物体的路径约束，拖动时间滑块会发现该物体会沿着样条线移动。在"参数"卷展栏中勾选"跟随"复选框，这样做的好处就是物体会沿着路径的变化而自动旋转调整。

　　选择图 3-65 所示中模型，选择"工具"｜"快照命令"，在弹出的"快照"对话框中设置从 0 到 100 帧复制副本数量个数为 80 个左右，快照复制的结果如图 3-66 所示。

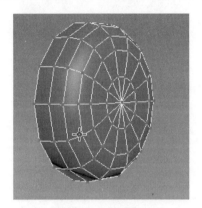

图 3-65　选择模型

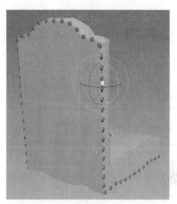

图 3-66　快照快速复制物体

　　从图 3-66 中发现，有部分物体需要旋转调整使其贴附于模型表面，用移动旋转工具单个对它们一一调整。

step 04　在坐垫底部创建一个长方体并转换为可编辑的多边形物体，加线、移动调整，调整过程如图 3-67～图 3-69 所示。

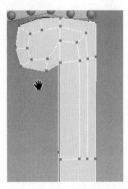

图 3-67　移动调整 1

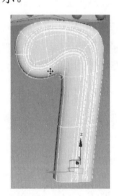

图 3-68　移动调整 2

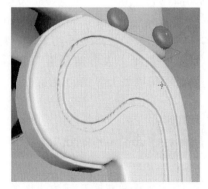

图 3-69　移动调整 3

　　依次将调整好的模型对称调整出另外一半。在底部创建一个圆柱体，然后将它们镜像复制，效果如图 3-70 所示。

step 05　在腿部之间创建一个长方体模型然后转换为多边形物体对其进行编辑调整。调整过程如图 3-71～图 3-73 所示。调整的方法也很简单，用到的命令有面的挤出、对称工具等。

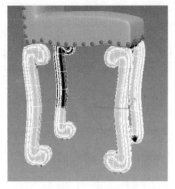

图 3-70　镜像复制

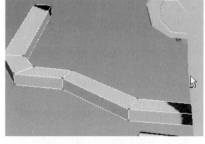

图 3-71　编辑调整 1

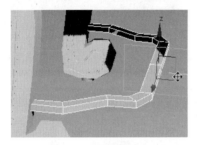

图 3-72　编辑调整 2

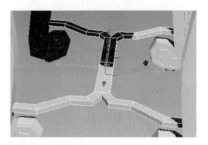

图 3-73　编辑调整 3

　　分解并在边缘位置加线，细分后整体调整模型比例，按
Ctrl+Shift+鼠标左键拖拉为内外笔刷大小的同时调节。

　　按 M 键打开材质编辑器，在左侧材质类型中单击标准材质
并拖曳到右侧材质视图区域，选择场景中所有物体，单击 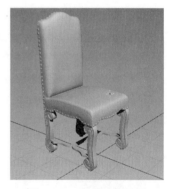 按
钮将标准材质赋予所选择物体，效果如图 3-74 所示。

　　本实例中的妆凳注重质感的表现，特别是坐垫和靠背的皮质
质感，给人一种坐上去非常舒服的感觉，同时又注重外观的表
现，特别是腿部模型上纹路的表现。

图 3-74　皮质材质效果

实例 05 制作衣柜

　　衣柜是存放衣物的柜式与实木家具。一般分为单门、双门、嵌入式等，是家庭常用的家
具之一。衣柜从使用上划分，可分为三大类，即推拉门衣柜、平开门衣柜和开放式衣柜。随
着人们生活水平的提高，越来越多的人喜欢整体衣柜，但也有少数人对衣柜的要求比较高，
它们追求奢华、美观、使用于一体的定制衣柜。本实例中制作的衣柜就是定制中的一种。

 设计思路

　　定制衣柜是区别于大家认为的成品家具，是为了弥补整体家具的浪费空间和没有个性以
及工地现场做衣柜的污染房间和不能以后挪动柜体的缺点而慢慢出现的一个行业，是定制化

的产品，所以在工艺流程上是区别于成品家具的。本实例注重于外表的表现，线条优美，雕花独特，集欧美家具和古典家具于一身，造型独特。

本实例衣柜的制作流程如下。

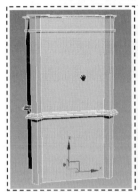 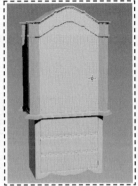  

技术要点

本实例主要用到的技术要点如下。

- 倒角剖面命令快速制作模型。
- 可编辑样条线下的布尔运算。
- 锥化修改器的使用。
- 弯曲修改器的使用。
- 石墨建模工具中"绘制对象"工具的使用方法。

制作步骤

本实例衣柜在制作时，柜体的制作比较简单，难点在于它的腿部纹路上。接下来看一下它的制作过程。

step 01 单击 ◈(创建)｜ ⬚(图形)｜"矩形"按钮，在视图中创建一个长、宽分别为600mm、1000mm 的矩形框，然后在其中一角的位置创建一个长、宽为 100mm、200mm 的矩形框，旋转 45°调整，然后在其他三角位置复制调整出矩形，如图 3-75 所示。

选择其中的任意一个矩形，右击，在弹出的快捷菜单中选择"转换为"｜"转换为可编辑样条线"命令，将矩形转换为可编辑的样条线，单击"附加"按钮依次拾取其他矩形将所有矩形附加在一起。按 3 键进入"样条线"级别，选择中间最大的矩形，选择 ⊘(并集)按钮，单击"布尔"按钮，在视图中拾取其中一角位置的矩形框来完成并集布尔运算。如图 3-76 所示。当选择 ⊘ 差集时，其中一角布尔运算的结果如图 3-77 所示。当选择 ⊘ 交集时，其中一角布尔运算的结果。

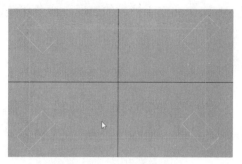

图 3-75　创建矩形框

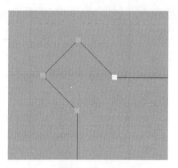

图 3-76　并集效果

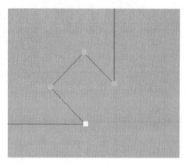

图 3-77　差集效果

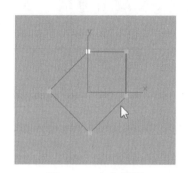

图 3-78　交集效果

从图 3-76～图 3-78 中可以得知，并集就是把重叠在一起的图形相加，差集是把重叠在一起的图形相减，而交集时只保留重叠在一起的图形。

此处用并集制作出如图 3-79 所示的图形。

step 02　在视图中创建一个如图 3-80 所示的样条线。选择布尔运算之后的样条线，在修改器下拉列表中添加"倒角剖面"修改器，然后单击"拾取剖面"按钮，拾取图 3-80 所示的样条线，倒角剖面后的效果如图 3-81 所示。

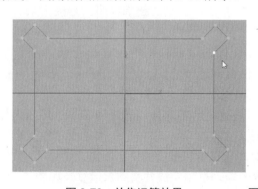

图 3-79　并集运算效果

图 3-80　创建样条线

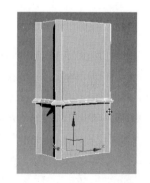

图 3-81　倒角剖面效果

如需继续调整模型形状，可以直接修改拾取的样条线段，在如图 3-82 所示样条线的顶端位置加线调整。调整样条线后的模型效果如图 3-83 所示。

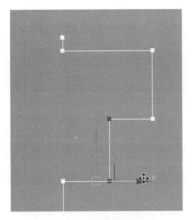

图 3-82　加点调整形状

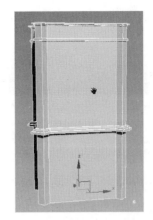

图 3-83　修改样条线后模型效果

step 03　在修改器下拉列表中添加"编辑多边形"命令，然后对模型进行加线调整，为了提高工作效率，删除另外一半模型，只调整保留的一半模型，为了更加直观地观察模型整个效果，可以使用镜像工具将另外一半关联镜像复制，如图 3-84 所示。

继续修改底部形状，在最终调整好形状之后，删除另外镜像复制的物体，然后添加"对称"修改器对称复制出另外一半(这里说明一下工具栏上的镜像工具和修改器下的对称工具的区别，镜像工具复制的物体是分别独立的两个物体，而通过"对称"修改器对称复制出来的物体是一个整体)，调整效果如图 3-85 所示。

图 3-84　调整效果

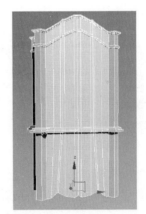

图 3-85　对称调整效果

右击，在弹出的快捷菜单中选择"转换为" | "转换为可编辑多边形"命令，将该模型塌陷为可编辑的多边形物体。选择衣柜下部分所有面，单击"分离"按钮使选择的面分离出来，选择边界单击"封口"按钮将开口封闭，然后调整形状和布线，效果如图 3-86 所示。

在衣柜的下部分添加加线，然后将线段进行切线处理，选择中间部位的部分面，使用"倒角"工具向下倒角处理，在边缘位置加线，细分后效果如图 3-87 所示。

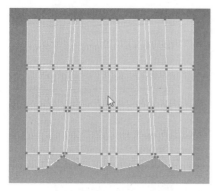

图 3-86 物体的分离调整效果

图 3-87 细分效果

step 04 在视图中创建一个长、宽为 100mm、200mm 的面片物体，将长、宽分段数设置为 4，右击，在弹出的快捷菜单中选择"转换为"|"转换为可编辑多边形"命令，将模型转换为可编辑的多边形物体，在修改器下拉列表中添加"锥化/Taper"修改器，该修改器可使模型一头变小另一头变大实现锥化的效果，设置锥化数量值效果如图 3-88 所示，然后在修改器下拉列表中添加"弯曲"修改器，设置弯曲角度为 X 轴，角度值为-67.5°，效果如图 3-89 所示。再次修改"弯曲"修改器，设置弯曲轴为 Y 轴，弯曲角度为 100°，方向值为 90，效果如图 3-90 所示。根据模型可再次添加"锥化"修改器，设置锥化数量值效果如图 3-91 所示。

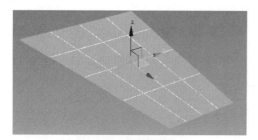

图 3-88 锥化效果 1

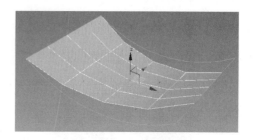

图 3-89 弯曲效果 1

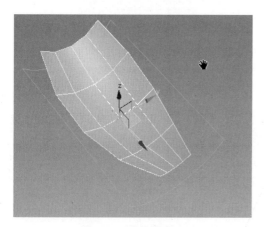

图 3-90 弯曲效果 2

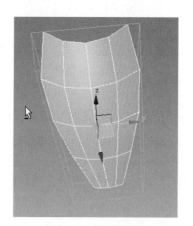

图 3-91 锥化效果 2

修改器列表此时效果如图 3-92 所示。修改器列表可以根据需要重复叠加。

调整好之后右击，在弹出的快捷菜单中选择"转换为"｜"转换为可编辑多边形"命令，将模型转换为可编辑的多边形物体，选择左侧的边按住 Shift 键移动拖动出面调整，如图 3-93 所示。

图 3-92　修改器列表

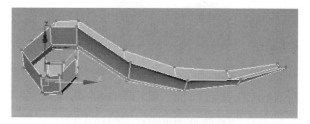

图 3-93　面的拖动复制调整

配合"桥""补洞"等工具继续调整，然后在修改器下拉列表中添加"壳"修改器使模型修改成双面带有厚度的模型，将边缘中心处的线段切角，然后选择中心位置面进行倒角处理，如图 3-94 和图 3-95 所示。

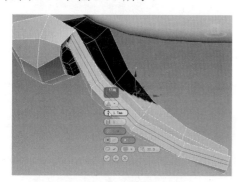

图 3-94　线段切角处理

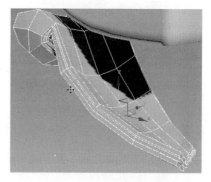

图 3-95　面的倒角处理

继续对该模型调整，调整过程如图 3-96 和图 3-97 所示。

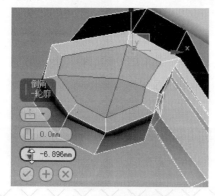

图 3-96　面的向内倒角

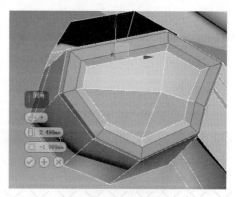

图 3-97　面的倒角效果

step 05 在视图中创建一个长方体，转换为可编辑多边形物体之后，通过加线、面的挤出以及移动调整来调整所需形状。调整过程如图 3-98～图 3-101 所示。

图 3-98 调整形状 1

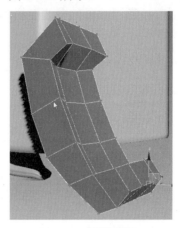

图 3-99 调整形状 2

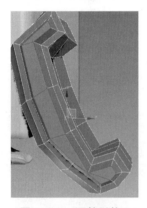

图 3-100 调整形状 3

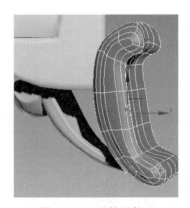

图 3-101 调整形状 4

step 06 调整好底座位置之后创建一个面片物体，然后转换为多边形物体，选择边按住 Shift 键进行挤出面的调整，调整过程如图 3-102～图 3-104 所示。

图 3-102 挤出画 1

图 3-103 挤出画 2

图 3-104 挤出画 3

删除右侧一半模型，通过在修改器下拉列表中添加"对称"修改器来对称出另一半模型，然后将物体塌陷为多边形物体，再次对其进行形状的调整，过程如图 3-105～图 3-107 所示。

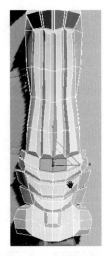

图 3-105　调整形状 1　　　图 3-106　调整形状 2　　　图 3-107　调整形状 3

step 07　创建长方体对其编辑调整，过程如图 3-108～图 3-113 所示。

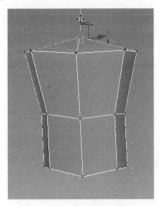

图 3-108　编辑调整 1

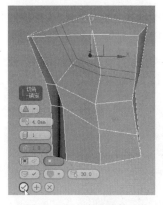

图 3-109　编辑调整 2

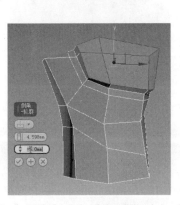

图 3-110　编辑调整 3

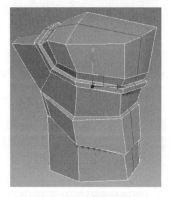

图 3-111　编辑调整 4

图 3-112　编辑调整 5

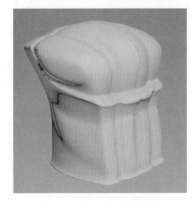

图 3-113　编辑调整 6

单击"附加"按钮依次拾取腿部雕刻模型将其附加在一起，移动旋转复制出剩余的 3 个腿部模型。

step 08 单击 ✛(创建)｜ ⬕(图形)｜"线"按钮，在视图中创建如图 3-114 所示的样条线，在"参数"卷展栏下勾选"在渲染中启用"和"在视口中启用"复选框，效果如图 3-115 所示。

step 09 在视图中创建一个圆柱体，在修改器下拉列表中添加"锥化"修改器，设置锥化参数下的数量值为-0.34，曲线为-1.2 左右，效果如图 3-116 所示。

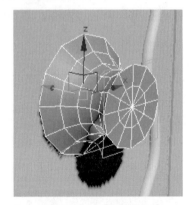

图 3-114　创建样条线　　图 3-115　半径显示效果　　图 3-116　锥化效果

将该物体转换为可编辑多边形物体，然后对其多边形调整，调整过程如图 3-117～图 3-119 所示。

将制作好的拉环和样条线镜像复制到右侧，效果如图 3-120 所示。

step 10 在视图中创建一个长方体，然后将其调整至一个心形。单击石墨建模工具中的"对象绘制"｜"绘制对象"｜🖌 按钮，然后调整"间距"为 6，在衣柜的正面顶部位置绘制，如图 3-121 所示。

step 11 对每个绘制的物体适当旋转调整，然后在顶端位置创建一个长方体模型进行多边形编辑，调整过程如图 3-122～图 3-125 所示。

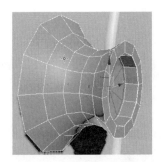

图 3-117　多边形调整 1

图 3-118　多边形调整 2

图 3-119　多边形调整 3

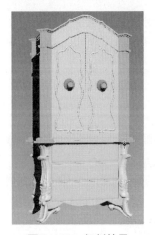

图 3-120　复制效果

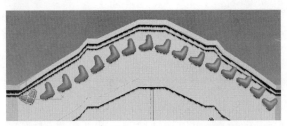

图 3-121　"绘制对象"工具快速绘制物体

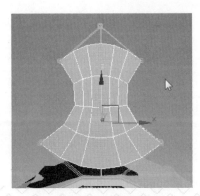

图 3-122　多边形编辑调整 1

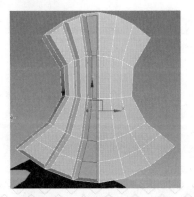

图 3-123　多边形编辑调整 2

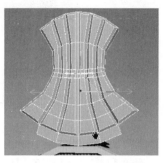

图 3-124　多边形编辑调整 3

图 3-125　多边形编辑调整 4

将该物体向下移动复制，然后在底部边缘创建如图 3-126 所示的样条线。
最后创建出拉手模型，最终效果如图 3-127 所示。

图 3-126　创建样条线

图 3-127　最终效果

本实例中学习了样条线之间的布尔运算以及"锥化""弯曲"修改器的使用，还学习了石墨建模工具下的"绘制对象"快速绘制模型的方法，特别是"绘制对象"下的工具，配合参数中的大小变化、角度旋转变化等可以快速绘制一些随机性的物体。

实例 06 制作床尾凳

床尾凳并非是整个卧室中不可缺少的家具，但却是简欧家具中很有代表性的设计，具有较强装饰性和少量的实用性，对于经济状况比较宽裕的家庭建议选用，可以从细节上提升卧房品质。实用方面一般可以做挂衣、换鞋和友人聊天座位之用。

 设计思路

根据简欧风格设计一个比较舒适的简单床尾凳。

本实例床尾凳的制作流程如下。

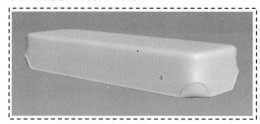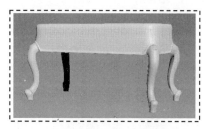

技术要点

本实例中没有太多新的知识点，主要还是多边形编辑下的一些工具命令的使用，重点和难点在于凳子腿部模型是一些纹路的布线调整。

制作步骤

step 01　在视图中创建一个长方体，右击，在弹出的快捷菜单中选择"转换为"｜"转换为可编辑多边形"命令，将模型转换为可编辑的多边形物体，在底部其中一角的位置右击选择"剪切"命令，手动剪切调整布线，如图 3-128 所示。

删除其他 3/4 部分模型，将图 3-129 所示中的线段切角处理。

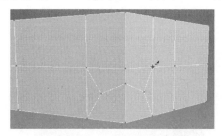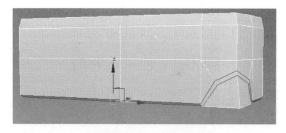

图 3-128　手动剪切调整布线　　　　　　　　图 3-129　线段切角

选择切角部位的面，单击"倒角"按钮后面的 ▫ 图标，在"参数"卷展栏中设置倒角效果如图 3-130 所示。

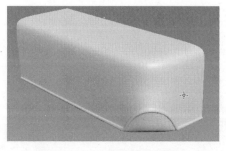

图 3-130　面的倒角效果

在修改器下拉列表中添加"对称"修改器，先对称出 Y 轴模型，然后再对称出 X 轴方向模型，将该模型塌陷为可编辑的多边形物体。单击"绘制变形"卷展栏下的"推/拉"按钮，

适当在模型表面雕刻，使模型表面有凸起的变化效果。

step 02 在视图中创建一个长方体，编辑调整至如图 3-131 所示形状。通过加线、调整布线、选择面倒角操作继续对模型调整，效果如图 3-132 所示。

图 3-131　多边形编辑调整形状 1

图 3-132　多边形编辑调整形状 2

在制作时只需制作一半的模型效果，删除另外一半模型，然后将制作好的模型添加"对称"修改器对称出另外一半后将调整好的模型旋转 45°。

step 03 选择图 3-133 中的面向内倒角，然后加线调整成如图 3-134 所示的形状。

图 3-133　面的倒角

图 3-134　加线调整

右击，选择"剪切"命令，在图 3-134 中的面上手动剪切调整布线，如图 3-135 所示。处理线段切角，如图 3-136 所示。

图 3-135　剪切调整布线

图 3-136　线段切角

将切角后的线段重新调整好布线之后，然后将面向下倒角挤出效果如图 3-137 所示。

step 04　将床尾凳腿部模型关联复制到其他部位，选择所有腿部模型，在修改器下拉列表中添加 FFD 3×3×3 修改器，进入子级别，调整控制点来调整模型变化效果及比例。按 M 键打开材质编辑器，在左侧材质类型中单击标准材质并拖曳到右侧材质视图区域，选择场景中所有物体，单击 🔳 按钮将标准材质赋予所选择物体，效果如图 3-138 所示。

图 3-137　面的倒角挤出后细分效果

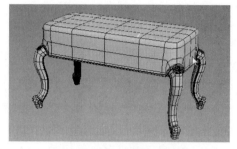

图 3-138　最终效果

本实例中模型虽然简单，但是比例控制不好模型也会显得非常难看，这里再次需要强调一定要把握好模型的整体比例，只有比例合适，模型才会显得美观。

实例 ⑦ 制作穿衣镜

穿衣镜用于照见全身的大镜子，便于穿衣。主要分为衣柜自带柜面镜、独立穿衣镜、墙面镜 3 种。

 设计思路

本实例选择一款独立的穿衣镜。将穿衣镜镶个镜框，并固定在底座上，而镜子和底座通过可以旋转的轮轴固定起来，方便使用。

效果剖析

本实例穿衣镜的制作流程如下。

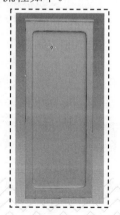
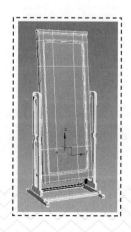

技术要点

本实例穿衣镜用到的技术要点如下。
- 可编辑样条线之间的布尔运算。
- "倒角"修改器的参数设置。
- 多边形模型的面的材质 ID 设置。

制作步骤

step 01 在视图中创建一个长、宽、高分别为 1800mm、700mm、100mm 的长方体，右击，在弹出的快捷菜单中选择"转换为" | "转换为可编辑多边形"命令，将模型转换为可编辑的多边形物体。选择线段，按 Ctrl+Shift+E 快捷键加线，分别在上下左右边缘位置加线，将中间的面向下倒角挤出，效果如图 3-139 所示。在挤出面的边缘位置继续加线，按 Ctrl+Q 快捷键细分光滑显示该模型效果如图 3-140 所示。

图 3-139 倒角挤出面效果

图 3-140 细分光滑效果

step 02 在左视图中创建一个矩形线框，右击，在弹出的快捷菜单中选择"转换为" | "转换为可编辑样条线"命令，将矩形转换为可编辑的样条线。按 3 键进入"线段"级别，选择样条线，单击"轮廓"按钮，在线段上单击左键并拖动鼠标来挤出轮廓，然后在该线段的中间位置继续创建两个矩形线框，单击"附加"按钮拾取这两个矩形框完成样条线之间的附加，如图 3-141 所示。单击"圆角"按钮将部分直角点处理为圆角，选择 ⊘ 差集，单击"布尔"按钮，拾取倒角后的矩形完成布尔运算，如图 3-142 所示。继续在该样条线的两侧位置创建矩形并附加在一起，如图 3-143 所示。同样选择 ⊘ 差集，单击"布尔"按钮，拾取矩形布尔运算，之后效果如图 3-144 所示。单击"圆角"按钮将部分直角点处理为圆角效果，如图 3-145 所示。

在底部位置创建矩形如图 3-146 所示，附加在一起之后选择 ⊘ 并集，然后完成样条线之间的布尔运算如图 3-147 所示。

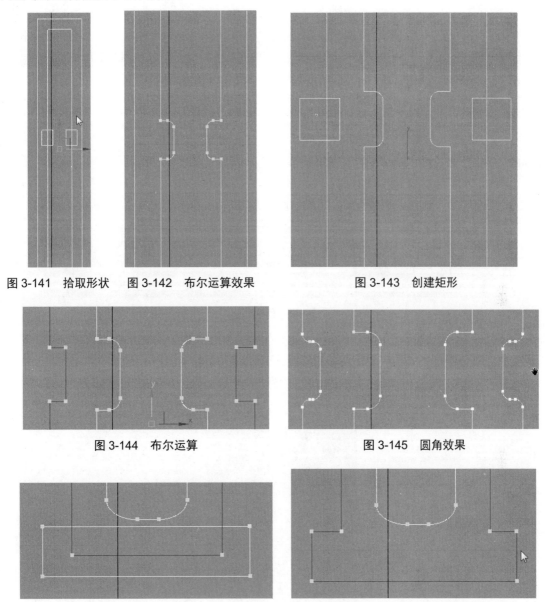

图 3-141 拾取形状   图 3-142 布尔运算效果   图 3-143 创建矩形

图 3-144 布尔运算   图 3-145 圆角效果

图 3-146 创建矩形   图 3-147 布尔运算效果

step 03 同样的方法将直角处理成圆角，然后再次创建一个矩形，调整"参数"卷展栏下的角半径值(该值可以将直角矩形处理为圆角矩形)，在修改器下拉列表中添加"倒角剖面"修改器，单击"拾取剖面"按钮拾取创建的圆角矩形。如果拾取之后模型效果不尽如人意，可以进入"倒角剖面"修改器下的"剖面 Gizmo"级别，选择模型中的剖面线段适当旋转 90°即可。除了此方法外，这里再介绍另外一种方法，选择布尔运算之后的样条线，在修改器下拉列表中添加"倒角"修改器，"参数"卷展栏下的"倒角值"中有 3 个级别，每个级别下均有"高度"和"轮廓"这两个参数，接下来介绍一下它们的意义。"高度"是模型挤

出的厚度；"轮廓"是控制模型的扩大或者缩小值。一般情况下先调整级别 1，将高度调整一个数字，然后将轮廓再调整一个数值，再调整级别 2 下的高度值，然后再调整级别 3 的高度和轮廓值(级别 1 和级别 3 下的高度值一般一致，轮廓值为一个正值一个负值)，倒角后的模型效果如图 3-148 所示。

step 04 在底端位置创建 3 个如图 3-149 所示的矩形，选择 差集布尔运算，运算后效果如图 3-150 所示。

使用"圆角"工具将角处理为圆角，同样在修改器下拉列表中添加"倒角"修改器，将制作好的支架物体复制到右侧，在底座之间创建两个切角长方体进行连接，然后将镜子物体适当旋转一定角度，效果如图 3-151 所示。

图 3-148　"倒角"修改器修改效果

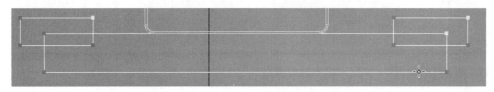

图 3-149　创建矩形

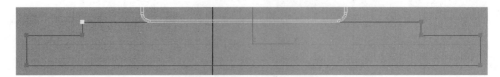

图 3-150　布尔运算效果

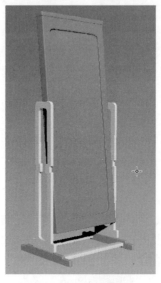

图 3-151　旋转效果

step 05 在框架的顶端位置创建一个圆柱体后进行多边形的编辑调整，该物体可以直接作为连接框架和镜子物体的螺钉。然后在镜子的背部位置创建切角长方体，如图 3-152

所示。

step 06　选择镜子模型中镜面的面，在"多边形：材质 ID"卷展栏下设置 ID 后面输入
1，按 Enter 键确定，按 Ctrl+I 快捷键反选面，设置 ID 为 2，这样就把该物体设置成了两个材
质 ID，设置不同材质 ID 的好处是后期可以直接通过多维材质赋予该模型不同的材质效果。
制作好的最终模型效果如图 3-153 所示。

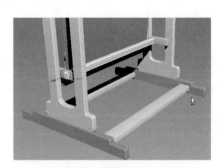

图 3-152　创建切角长方体

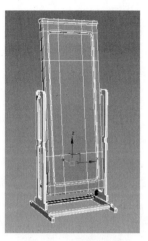

图 3-153　最终效果

本实例中的重点是样条线之间的各种布尔运算的掌握。利用样条线之间的布尔运算可以
制作出许多复杂的样条线。

第**4**章

餐厅家具设计

　　餐厅是人们就餐的场所，餐厅家具的舒适与否对我们的食欲有很大的关系。餐厅家具主要包括餐桌、餐椅、卡座、沙发、吧凳、吧桌、转盘、餐柜、酒柜、贝贝椅、垃圾柜等。餐厅家具根据行业分类可分为中餐厅家具、西餐厅家具、咖啡厅家具、茶艺馆家具、快餐厅家具、饭店餐桌椅等。

　　本章中将通过餐桌、餐椅、酒柜、餐边柜、卡座、吧台、垃圾柜这几个方面来详细地讲解一下餐厅家具的设计与制作。

实例 **01** 制作餐桌

餐桌是指人们吃饭用的桌子。按材质可分为实木餐桌、钢木餐桌、大理石餐桌、大理石餐台、大理石茶几、玉石餐桌、玉石餐台、玉石茶几、云石餐桌等。按形状可分为圆形餐桌和长方形餐桌。

餐桌是格外需要烘托的。有人说一张餐桌就是一个任由您打扮的模特。为了要显出它独特的风格，可选择不同的桌布，如简朴的麻质桌布表现出一种传统风味，鲜艳明亮的桌布则能令人感到一种欢快活泼的气息。另外，餐桌上方配以合适的灯具，既能让人领略美食的"色"之美，又能营造出一种迷人的氛围。在精心打扮的餐桌旁和亲朋好友一起享用一顿精心烹调的晚餐，浓浓乐趣，尽在其中。

 设计思路

根据美式中主要强调美观性，来制作一个圆形的美式餐桌。它的特点重点放在腿部的雕花处理以及桌面边缘的雕花处理上，让人看上去就有一种非常上档次的感觉。

效果剖析

本实例美式餐桌的制作流程如下。

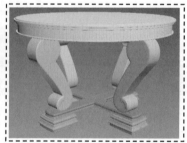

技术要点

本实例美式餐桌，从风格出发，实用性和舒适性相结合，表现出美式餐桌的高端大气效果。本实例主要用到的技术要点如下。

- "车削"修改器的使用方法。
- 阵列工具的使用方法。

先制作桌面，然后制作出腿部和底座模型，最后制作花纹等装饰性的模型。下面就来看一下餐桌的制作过程。

step 01　在视图中创建一个如图 4-1 所示的样条线。按 1 键进入"点"级别，选择直角处的点单击"圆角"按钮将直角点处理为圆角，如图 4-2 所示。

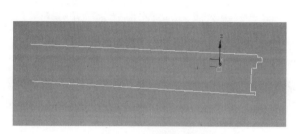

图 4-1　创建样条线

图 4-2　圆角处

在修改器下拉列表中添加"车削"修改器，添加车削后的默认效果如图 4-3 所示。很显然这种效果不尽如人意。进入车削子级别下的"轴"级别，然后使用移动工具沿 X 轴向左移动轴心，效果如图 4-4 所示。将分段数调高设置为 60 左右。

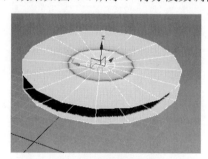

图 4-3　车削默认效果

图 4-4　调整车削轴心

step 02　在视图中创建如图 4-5 所示的圆和样条线，然后选择样条线，单击"附加"按钮拾取两个圆来完成附加，按 3 键件进入"样条线"级别，选择中间的样条线，单击"布尔"按钮，选择◎并集，拾取两个圆完成布尔运算，如图 4-6 所示。

删除多余点，重新细致化调整该样条线，然后在修改器下拉列表中添加"挤出"修改器，设置挤出值为 110mm。右击，在弹出的快捷菜单中选择"转换为"｜"转换为可编辑多边形"命令，将模型转换为可编辑的多边形物体。框选对应的点，按 Ctrl+Shift+E 快捷键加线调整布线，然后选择面向内倒角后，使用"剪切"工具调整布线，效果如图 4-7 所示。

图 4-5　创建样条线

图 4-6　布尔运算效果

选择部分面向外挤出后调整至图 4-8 所示。删除该模型对应的另外一半模型，通过修改器"对称"对称出另外一半。细分后效果如图 4-9 所示。

切换到顶视图，选择旋转工具，单击工具栏中"视图"右侧的下三角选择"拾取"选项后拾取桌面模型，长按▓按钮，在弹出的下拉按钮中选择▓按钮，切换一下当前的坐标轴为桌面，按住 Shift 键旋转 90°复制，副本数设置为 3，将其他餐桌腿部模型复制出来，效果如图 4-10 所示。

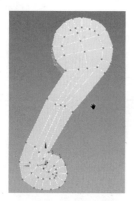

图 4-7　调整布线

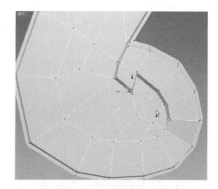

图 4-8　面的挤出调整

图 4-9　细分效果

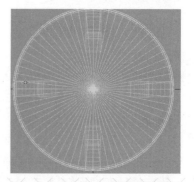

图 4-10　复制出其他腿部模型

step 03　在视图中创建一个长方体并转换为可编辑的多边形物体，通过加线、面的挤出倒角等操作来制作出所需形状然后旋转 90°复制，如图 4-11 所示。

继续创建长方体修改形状至图 4-12 所示。

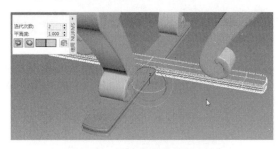

图 4-11　创建底部物体并复制

图 4-12　创建腿部支撑物体

step 04　复制调整该物体，然后在底部物体的中心位置创建一个圆柱体，转换为多边形物体后删除顶部的面。选择边界线，按住 Shift 键配合移动、缩放等工具快速挤出调整面，然后将边缘直角处的线段切角处理，细分后效果如图 4-13 所示。

step 05　在桌面物体的边缘位置创建一个面片物体并转换为可编辑的多边形物体，通过加线、面的挤出等操作调整所需形状。如图 4-14 所示。

在石墨建模工具栏的"多边形绘制"面板中选择"绘制于：曲面"选项，然后单击"拾取"按钮来拾取桌面模型，这样在绘制面片形状时就会自动贴附于桌面的表面上。单击"条带"按钮，在物体表面逐步绘制出如图 4-15 所示中的形状。

图 4-13　圆柱体修改效果

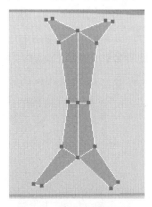

图 4-14　面片物体调整

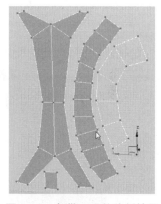

图 4-15　条带工具的绘制效果

加线调整，然后选择部分面，单击"挤出"按钮将面向外挤出，效果如图 4-16 所示。将右侧模型镜像复制到左侧，继续使用"条带"工具绘制，然后手动调整形状，如图 4-17 所示。

切换到旋转工具拾取桌面的旋转轴心后切换到桌面轴心，在工具栏的空白处右击选择附加工具，在弹出的"附加"工具栏中单击 ▦ (阵列)按钮，然后设置阵列参数如图 4-18 所示。

阵列后模型效果如图 4-19 所示。

step 06　在腿部模型的表面使用"条带"工具绘制纹路模型，如图 4-20 所示。右击结束绘制，使用"目标焊接"工具将相邻的点焊接起来，然后在修改器下拉列表中添加"对称"修改器，效果如图 4-21 所示。

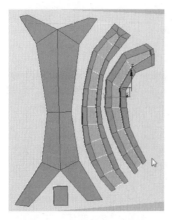

图 4-16 面的挤出调整

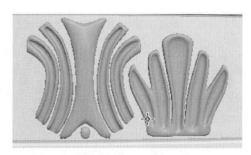

图 4-17 手动调整形状

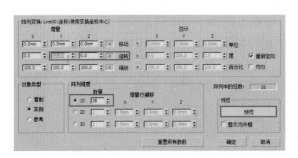

图 4-18 阵列参数设置

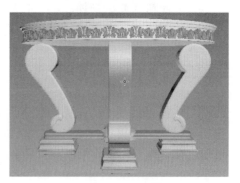

图 4-19 阵列效果

在修改器下拉列表下添加"编辑多边形"修改器，按 4 键进入面级别选择所有面用挤出工具将面向外挤出，再次调整形状后细分效果如图 4-22 所示。

图 4-20 条带工具绘制模型

图 4-21 添加"对称"修改器

图 4-22 细分调整效果

同样的方法在腿部侧边位置创建出如图 4-23 所示的形状模型。

step 07 创建一个圆柱体，删除多余面只保留顶部面，调整面的形状如图 4-24 所示。在外侧的边上每间隔一个点进行选择，然后单击"切角"按钮后面的 ▢ 图标，设置切角值，选择切角面再次向外切角处理，细分后效果如图 4-25 所示。

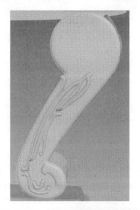

图 4-23　侧边纹路模型制作

图 4-24　面的调整

继续加线，选择面并切角处理，效果如图 4-26 所示。将制作好的雕花模型复制调整到腿部右侧位置。最后选择腿部模型上所有雕花复制到其他腿部模型上。

图 4-25　多边形调整

图 4-26　多边形调整效果

step 08 创建一个圆柱体，对该模型多边形形状进行调整，调整过程如图 4-27～图 4-30 所示。

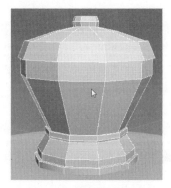

图 4-27　多边形调整 1

图 4-28　多边形调整 2

图 4-29　多边形调整 3

图 4-30　多边形调整 4

　　按 M 键打开材质编辑器，在左侧材质类型中单击标准材质并拖曳到右侧材质视图区域，选择场景中所有物体，单击 🔳 按钮将标准材质赋予所选择物体，效果如图 4-31 所示。

图 4-31　最终效果

实例 02 制作餐椅

　　餐桌椅是一种餐饮用的器具，用材比较广泛。高度以 720～760mm 为标准，餐桌椅是人类日常生活和社会活动中使用的具有坐卧、凭倚、餐食等功能的器具。市场上出售的餐桌，以原木色泽的为最多，分为实木和人造板两种；另外，透明玻璃面餐桌底座为大理石或金属等材质的餐桌也占有一定的市场份额。

 设计思路

　　本实例中来制作一个实木餐椅，其最大优点在于浑然天成的木纹，与多变化的自然色彩，再配合欧美风格的雕花装饰，显得更加尊贵高尚。

效果剖析

本实例欧式餐椅的制作流程如下。

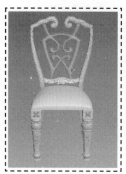

技术要点

本实例欧式餐椅中用到的技术要点如下。

● 阵列工具快速复制物体方法。

● 石墨建模工具栏中"条带"工具绘制花纹方法。

● 多边形建模下的常用命令。

制作步骤

本实例制作的餐椅模型，先制作坐垫模型，然后再制作前椅腿，最后制作后部腿部和靠背模型。

step 01　在视图中创建一个长方体模型并转换为可编辑的多边形物体，通过加线调整来制作出坐垫形状，如图 4-32 和图 4-33 所示。该模型要注意中间向上凸起，四角的棱角效果要处理好。

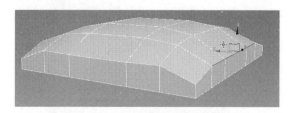

图 4-32　调整长方体模型　　　　图 4-33　细分长方体效果

step 02　在视图中创建一个圆柱体并转换为可编辑的多边形物体。选择顶部面并删除，按 3 键进入"边界"级别，按住 Shift 键配合移动、缩放等工具进行挤出面调整，效果如图 4-34 所示。边缘棱角的处理有两种方法，一是可以选择棱角处的线段使用"切角"工具将线段切角处理；二是可以使用加线的方法在棱角的边缘位置加线。不管用哪种方法处理，它们的原理都是一样的。处理后的细分效果如图 4-35 所示。

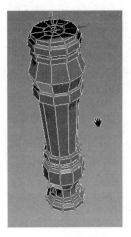

图 4-34　编辑圆柱体

图 4-35　细分圆柱体效果

　　在腿部顶部位置创建一个长方体，然后通过加线、面的挤出等操作制作出如图 4-36 所示的形状模型。

　　step 03　单击软件左上角 Max 图标，选择"导入"｜"合并"命令，选择第 2 章中实例 10 的装饰柜模型，将所有物件全部导入进来，保留图 4-37 所示中的雕花模型，删除其他所有装饰柜模型，将雕花模型移动复制调整到立方体表面上。再次导入装饰柜模型，保留图 4-38 所示中的雕花模型，将该雕花模型移动复制到餐椅腿部模型表面上，如图 4-39 所示。

图 4-36　立方体修改效果

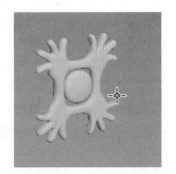

图 4-37　保留雕花 1

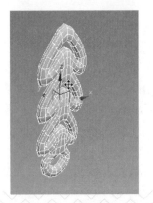

图 4-38　保留雕花 2

图 4-39　雕花调整复制效果

选择餐椅腿部模型的边，单击"挤出"按钮后面的 ▣ 图标，在弹出的"挤出"快捷参数面板中设置线段的挤出参数，如图 4-40 所示。细分效果如图 4-41 所示。

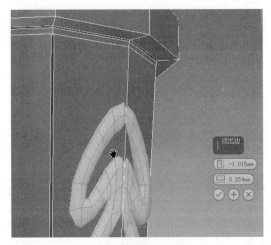

图 4-40　线段的挤出

图 4-41　细分效果

step 04 在腿部模型表面位置创建一个如图 4-42 所示形状的物体，单击工具栏中"视图"右侧的下三角按钮，在下拉列表中选择"拾取"选项，拾取腿部模型，再长按 按钮，在下拉按钮中选择 按钮，切换所拾取模型的坐标轴，依次选择菜单栏中的"工具"｜"阵列"命令，在弹出的"阵列"对话框中设置轴向选择角度和复制的数量，单击"预览"按钮可以快速预览阵列后效果。(注意，在复制模型时角度值和数量值可以在预览之后逐步进行调整直至达到满意效果)预览效果如图 4-43 所示。

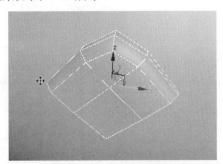

图 4-42　创建形状

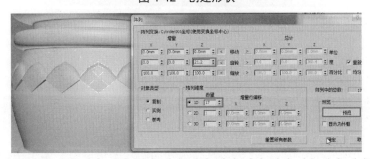

图 4-43　阵列预览效果

选择其中一个物体向下复制，再次使用阵列工具复制出所需效果，如图 4-44 所示。
将制作好的腿部模型按住 Shift 键移动复制到右侧，效果如图 4-45 所示。

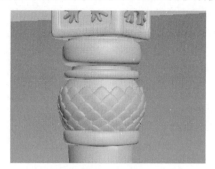

图 4-44　阵列效果

图 4-45　腿部模型复制效果

step 05　在视图中创建一个长方体模型，右击，在弹出的快捷菜单中选择"转换为"｜"转换为可编辑多边形"命令，将模型转换为可编辑的多边形物体，然后修改长方体形状。修改制作的方法：删除顶端和底端的面，选择边界线，按住 Shift 键移动或者缩放挤出调整面，然后调整位置，如图 4-46 所示。

分别在两侧的前后位置加线如图 4-47 和图 4-48 所示。这样加线的目的是为了后面边缘面的凸起操作做准备。

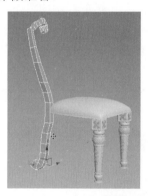

图 4-46　后部腿部模型制作

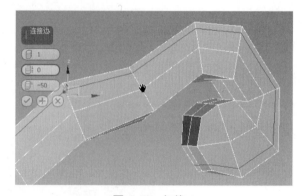

图 4-47　加线 1

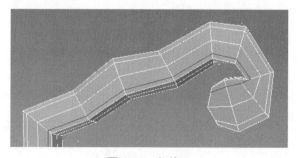

图 4-48　加线 2

选择边缘所有的面，使用"倒角"工具将选择面向外倒角挤出，如图 4-49 所示。
在需要表现棱角的位置将线段切角处理，如图 4-50 所示。

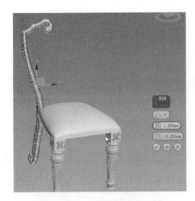

图 4-49　面的倒角处理

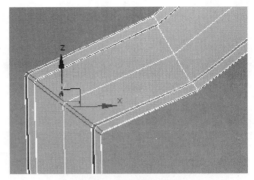

图 4-50　线段切角处理

step 06　在石墨建模工具样中选择"自由形式"丨"多边形绘制"丨"条带"命令，选择"绘制于：曲面"，单击"拾取"按钮后拾取靠背模型，再次单击"条带"按钮，在物体的表面上绘制出所需要的形状，如图 4-51 所示。

按 4 键进入"面"级别，选择所有面，单击"倒角"按钮将所选面向外挤出倒角，按 Ctrl+Q 快捷键细分光滑显示该模型效果，如图 4-52 所示。

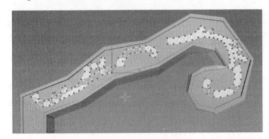

图 4-51　绘制形状

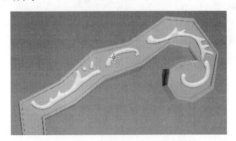

图 4-52　面的挤出细分效果

使用同样的方法将其他的条纹模型绘制出来，如图 4-53 所示。最后将正面的条纹模型镜像复制，移动旋转调整到背部，如图 4-54 所示。

将左侧的所有靠背模型镜像复制调整到右侧，如图 4-55 所示。

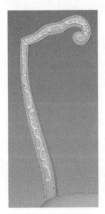

图 4-53　条纹模型效果 1　图 4-54　条纹模型效果 2　图 4-55　腿部靠背模型的镜像复制

step 07 在靠背位置创建一个长方体并转换为可编辑的多边形物体，通过加线、面的挤出、倒角、点的焊接及位置的移动调整等操作将长方体模型修改为所需形状，修改过程如图 4-56～图 4-58 所示。

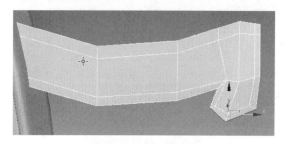

图 4-56　修改形状

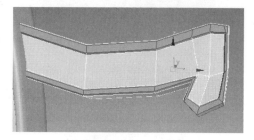

图 4-57　多边形物体形状调整 1

在修改器下拉列表中添加"对称"修改器，对称出右半部分模型，细分效果如图 4-59 所示。

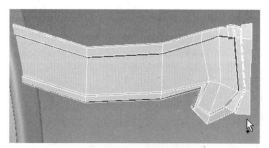

图 4-58　多边形物体形状调整 2

图 4-59　对称后细分效果

使用"条带"工具在图 4-59 所示的表面上绘制效果如图 4-60 所示。

按 4 键进入"面"级别，框选所有面，单击"倒角"按钮进行倒角设置。按 Ctrl+Q 快捷键细分光滑显示该模型效果，如图 4-61 所示。然后将绘制的图案镜像复制到右侧。

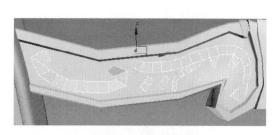

图 4-60　绘制效果

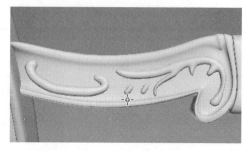

图 4-61　细分光滑效果

step 08 创建一个长方体模型并转换为多边形物体，通过边界线段的挤出操作拖拉出面进行调整，过程如图 4-62 和图 4-63 所示。

单击"镜像"工具镜像复制出另外一半，单击"附加"按钮拾取镜像复制的模型进行附加。然后使用点的"目标焊接"工具将对称中心处的点焊接起来，效果如图 4-64 所示。

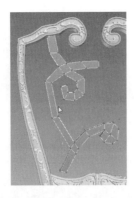

图 4-62　面的挤出调整 1　　图 4-63　面的挤出调整 3　　图 4-64　镜像复制调整

　　选择正反所有面，单击"倒角"按钮后面的■图标，在弹出的"倒角"快捷参数面板中设置参数后将面向内挤出，细分效果如图 4-65 所示。

　　分别将拐角处的线段做切角处理，同时还需要在边缘位置进行加线来约束细分之后出现的较大变形效果，调整后细分效果如图 4-66 所示。

图 4-65　面的倒角细分效果　　　　　　　图 4-66　拐角线段切角后效果

step 09　在顶端中心位置创建一个长方体并对其进行多边形形状调整，调整效果如图 4-67 所示。删除对称中心处的面，然后在修改器下拉列表中添加"对称"修改器对称出另外一半模型效果，如图 4-68 所示。

图 4-67　长方体多边形调整　　　　　　图 4-68　对称效果

在该物体上再创建一个如图 4-69 所示形状的物体。

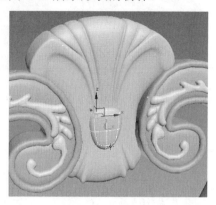

图 4-69　创建形状

最终调整的效果如图 4-70 所示。按 M 键打开材质编辑器，在左侧材质类型中单击标准材质并拖曳到右侧材质视图区域，选择场景中所有物体，单击 按钮将标准材质赋予所选择物体，效果如图 4-71 所示。

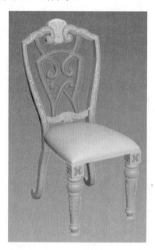

图 4-70　最终效果

图 4-71　默认材质设置效果

本实例中的餐椅也算是比较复杂的一种，难点就在于后方的腿部模型和靠背模型的调整上，因为它们的形状具有一定的流线性，并不是单独沿着某一个轴向进行调节，需要对 X、Y、Z 轴的 3 个轴向同时进行调整。同时，餐椅上的雕花纹路也是难点之一，需要仔细调整完成。

实例 03 制作酒柜

酒柜对不少家庭来说，已经成为餐厅中的一道不可或缺的风景线，它陈列的不同美酒色彩艳丽，可为餐厅平添不少华丽的色彩，看着就令人食欲大增。

家居装修之前，一定要先进行必需的测量，从而确定酒柜的尺寸。酒柜的尺寸设计要以实用性为原则，不能为了追求美观而缺少实用，这样只会给日后的日常生活带来不便。同时还要充分考虑与家居的协调搭配，不能因为酒柜的尺寸问题破坏了整体家居的协调。

 设计思路

本实例中设计的酒柜分为上、下两层，下面可以作为一个柜子，上面用来放置酒。上面又将其分为三层，这样可以增加利用空间。

效果剖析

本实例酒柜的制作流程如下。

技术要点

本实例酒框中用到的技术要点如下。

- 样条线的创建修改。
- "倒角剖面"工具快速生成三维模型。
- 多边形编辑下的参数控制。
- 石墨建模工具栏中的"循环"工具的使用方法。

制作步骤

本实例中通过创建酒柜的剖面曲线由"倒角剖面"工具直接生成三维模型，然后对模型进行多边形的细节调整。

`step 01` 单击 ❖(创建)│ ◎(图形)│"线"按钮，在视图中创建样条线，然后单击镜像工具镜像复制出另外一半，将这两条样条线附加起来并将对称中心处的点焊接在一起，如图 4-72 所示。

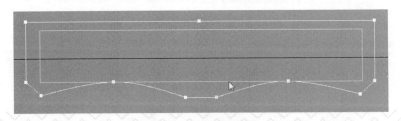

图 4-72　创建样条线

在前视图中继续创建如图 4-73 所示的样条线，然后选择拐角处的直角点，单击"切角"按钮将直角点切为带有角度的斜边效果，如图 4-74 所示。

图 4-73　创建样条线

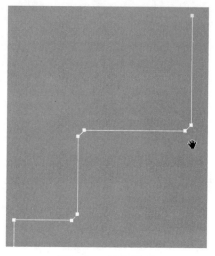

图 4-74　切角处理

选择图 4-72 中创建的样条线，在修改器下拉列表中添加"倒角剖面"修改器，单击"拾取剖面"按钮，拾取图 4-74 中的样条线，效果如图 4-75 所示。

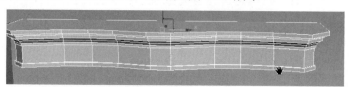

图 4-75　倒角剖面效果

step 02　将倒角剖面后的模型向下复制一个并删除"倒角剖面"修改器只保留样条线。然后选择图 4-75 中的模型，右击，在弹出的快捷菜单中选择"转换为" | "转换为可编辑多边形"命令，将模型转换为可编辑的多边形物体。进入"点"级别，从图 4-76 中观察模型前方布线较密，背部没有分段，这样的模型在细分后会变形，所以要进行布线调整。

图 4-76　布线效果

框选背部的线段，按 Ctrl+Shift+E 快捷键不断加线，使其前后布线数量保持一致，如图 4-77 所示。

框选前后对应的点，按 Ctrl+Shift+E 快捷键将两者之间连接出线段，如图 4-78 所示。

分别在左右、前后边缘位置加线，同时将拐角位置的线段做切线处理。

step 03　选择复制的样条线的后方线段，将"拆分"工具后面的参数值设置为 10，单击

"拆分"按钮，这样就快速在线段上平均添加了 10 个点，如图 4-79 所示。创建底部柜体边缘剖面曲线，使用"倒角剖面"工具制作出模型形状，如图 4-80 所示。

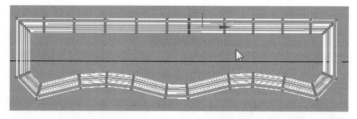

图 4-77　加线

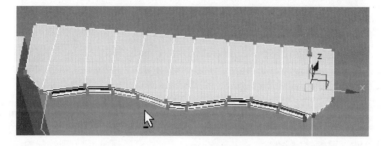

图 4-78　连接线段效果

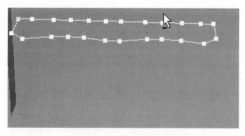

图 4-79　线段的拆分

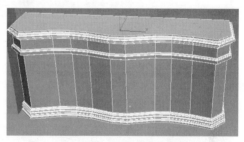

图 4-80　倒角剖面效果

　　同样的方法调整上下面的布线效果，并在边缘、拐角位置加线。细分后的效果如图 4-81 所示。

图 4-81　细分效果

step 04 选择下方模型顶部面，按住 Shift 键移动复制，在弹出的克隆部分网格面板中选择克隆到对象，为了便于区分，单击修改器面板中的颜色框选择另外一种颜色。选择所有面，单击"挤出"按钮将面向上基础调整，适当缩放调整大小，效果如图 4-82 所示。

选择蓝色物体的正面的面向内挤出调整，删除顶端和底部中的面，如图 4-83 所示。

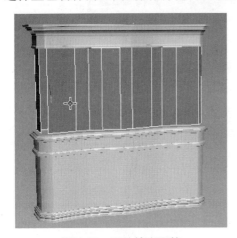

图 4-82　面的挤出调整

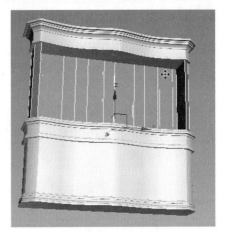

图 4-83　面的向内挤出

step 05 创建一个矩形框，调整"角半径"值设置为圆角效果，右击，在弹出的快捷菜单中选择"转换为" | "转换为可编辑样条线"命令，将矩形转换为可编辑的样条线，然后删除一边的线段。选择步骤 1 中创建的样条线，在修改器下拉列表中添加"倒角剖面"修改器后，单击"拾取剖面"按钮拾取创建修改的圆角样条线。该模型作为酒柜中的隔断挡板，复制调整效果如图 4-84 所示。

step 06 使用"倒角"工具分别调整出所需要的面的凹陷和凸起效果，如图 4-85 所示。

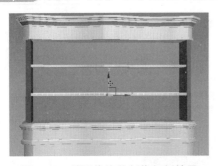

图 4-84　挡板物体的制作复制效果

图 4-85　表面的倒角调整效果

 注意

这里虽然一笔带过，但是调整的过程并不简单。处理的步骤大致如下：先逐个对面进行倒角调整出所需形状，然后在左右、上下边缘位置加线，最后将拐角处的线段进行切角处理，这样才能保证模型在细分之后既能保持模型原有的形状又能表现出很好的光滑效果。

step 07 在酒柜的背板位置创建长方体并复制多个制作出栅格效果，如图 4-86 所示。

step 08 拉手模型制作。创建一个圆柱体，复制调整长度。然后再创建一个球体，使用缩放工具拉长，移动复制后再使用缩放工具压扁，复制或调整效果如图 4-87 所示。

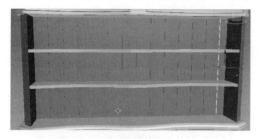

图 4-86　背板长方体模型的复制调整

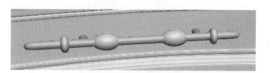

图 4-87　拉手模型制作

创建一个长方体并转换为多边形物体，调整形状至图 4-88 所示。添加"对称"修改器后塌陷，在边缘位置加线细分后效果如图 4-89 所示。

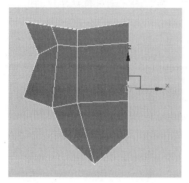

图 4-88　长方体模型修改

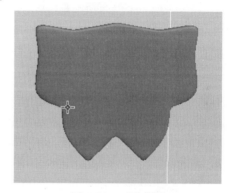

图 4-89　对称调整

在该位置创建一个圆环物体并转换为可编辑的多边形物体，选择部分面进行倒角挤出操作，效果如图 4-90 所示。

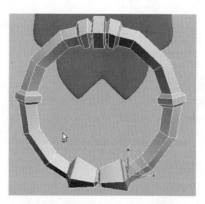

图 4-90　圆环物体的多边形修改

在该模型环形上加线，如图 4-91 所示。单击石墨建模工具栏中的"建模"｜"循环"｜"循环工具"，弹出"循环工具"面板如图 4-92 所示。

选择图 4-93 所示中所有的圆环线段，单击"呈圆形"按钮，这样就快速把该物体设置成了圆形效果，如图 4-94 所示。

图 4-91　环形线段加线

图 4-92　循环工具面板

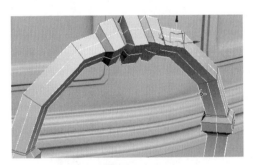

图 4-93　选择所有环形线段

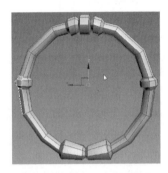

图 4-94　圆形化设置效果

　　将该模型的顶端面向内挤出调整，效果如图 4-95 所示。

　　将拉手模型复制调整到右侧，按 M 键打开材质编辑器，在左侧材质类型中单击标准材质并拖曳到右侧材质视图区域，选择场景中所有物体，单击 按钮将标准材质赋予所选择物体，白模效果如图 4-96 所示。

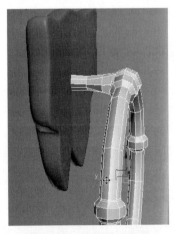

图 4-95　面的挤出效果

图 4-96　最终白模效果

　　该模型在制作上也并不算复杂，重要的一点是尺寸和比例的把握。家具模型在设计时一定要按照人体工程学的尺寸来设计制作，这样制作出来的模型才会美观。

实例 04 制作餐边柜

餐边柜一般是放置在餐厅墙边的柜子，可以供放置碗碟筷、酒类、饮料类，以及临时放汤和菜肴用，也可放置客人小物件。

 设计思路

餐边柜一般家庭比较少用，因为它比较占用空间，如果家庭室内面积较大，选择的餐边柜需要大体量多功能。本实例中制作的餐边柜考虑其实用性与空间性，注重柜子内部格局的设计，尽可能使空间最大化利用，在柜体的中间部位加装柜门，里面可以存放餐巾布、食物等比较琐碎的物品。

效果剖析

本实例餐边柜的制作流程如下。

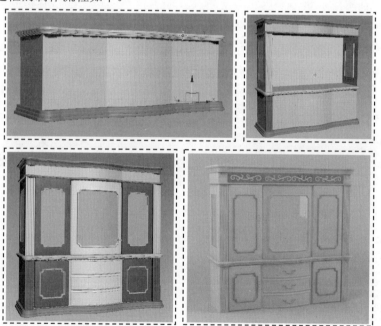

技术要点

本实例餐边柜中用到的技术要点如下。

● 涡轮平滑的使用方法。

● 石墨建模工具栏中的常见工具的使用。

● 透明玻璃材质的设置。

制作步骤

上一个实例中虽然用到了"倒角剖面"修改器，但是在创建样条线时创建的点都是角点，这样在生成模型之后精细度很低需要进行多边形编辑细分。本实例在制作上换一种方法，在创建样条线时直接将圆角细节等创建好，这样在生成三维模型时精细度较高。

step 01 在视图中创建如图 4-97 所示的样条线。

将该样条线复制几个，然后选择其中一个，在修改器下拉列表中添加"倒角剖面"修改器后单击"拾取剖面"按钮拾取高度上的剖面曲线，此时模型效果如图 4-98 所示。

图 4-97　创建样条线

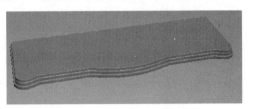

图 4-98　生成三维模型效果

同样使用"倒角剖面"的方法制作出如图 4-99 所示形状的模型。

选择复制的样条线，将两侧圆角的点删除。然后在修改器下拉列表中添加"挤出"修改器，高度值要设置的正好在图 4-99 所示的两个模型之间，如图 4-100 所示。

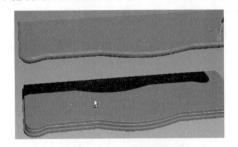

图 4-99　生成三维模型效果

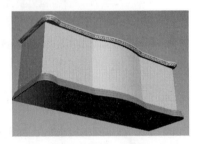

图 4-100　样条线"挤出"效果

step 02 创建一个如图 4-101 所示的样条线，在修改器下拉列表中添加"挤出"修改器，调整挤出高度，然后将该模型向右多次复制调整，效果如图 4-102 所示。

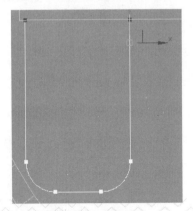

图 4-101　创建样条线

图 4-102　挤出并复制效果

step 03 创建如图 4-103 和图 4-104 中的样条线，利用步骤 1 中的样条线，使用"倒角剖面"的方法生成三维模型。然后将图 4-100 所示中绿色模型向上调整高度并更换颜色显示，调整模型之间的位置，效果如图 4-105 所示。

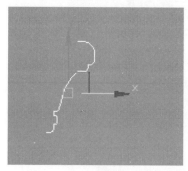
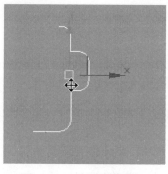

图 4-103　创建样条线 1　　　　图 4-104　创建样条线 2　　　　图 4-105　模型复制调整效果

step 04 删除图 4-105 所示中黄色物体正面的面，然后做加线调整，删除两侧中心处的面，选择边界线向内挤出厚度，如图 4-106 所示。选择图 4-102 所示中制作的物体向上复制，然后在中间柜体的两侧位置创建长方体。按 M 键打开材质编辑器，选择标准材质拖曳到视图 1 中，双击漫反射颜色，在右侧参数面板中设置不透明度为 20 左右。单击 按钮赋予长方体模型，这样模型在视图中就会以半透明效果显示。然后将该玻璃物体复制调整到右侧位置，效果如图 4-107 所示。

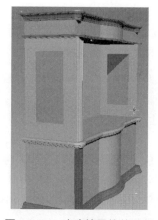

图 4-106　多边形物体修改　　　　　　　图 4-107　玻璃效果简单设置

step 05 制作柜门。在下半部分左侧位置创建一个倒角的长方体模型，然后在该长方体中心处创建一个矩形框，在矩形框四角位置创建 4 个圆，右击，在弹出的快捷菜单中选择"转换为"|"转换为可编辑样条线"命令，将矩形转换为可编辑的样条线。单击"附加"按钮拾取矩形和其他 3 个圆完成附加，如图 4-108 所示。

按 3 键进入"样条线"级别，选择矩形，选择 差集，单击"布尔"按钮拾取 4 个圆形完成布尔运算，效果如图 4-109 所示。然后在左视图中创建一个如图 4-110 所示的样条线。

在修改器下拉列表中添加"倒角剖面"修改器后，单击"拾取剖面"按钮拾取创建修改的样条线，效果如图 4-111 所示。

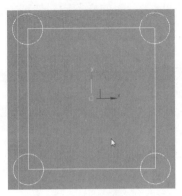

图 4-108　创建矩形和圆

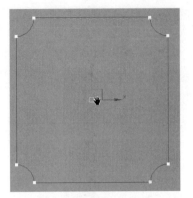

图 4-109　样条线之间布尔运算

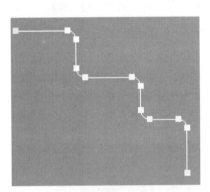

图 4-110　创建样条线

图 4-111　倒角剖面效果

将该模型转换为多边形物体，删除正面的面，然后按 3 键进入"边界"级别，选择边界，依次向外缩放挤出面后再向内挤出面，将调整后的模型移动到切角长方体面上，如图 4-112 所示。在修改器下拉列表中添加"编辑多边形"修改器，在拐角处加线后再添加"涡轮平滑"修改器进行当前模型细分。

在柜体的中间部位加线，然后将线段切角，如图 4-113 所示。此处加线切线的目的是为了选择三部分的面进行面的倒角操作。选择上、中、下部分的面，按住 Shift 键移动复制所选面，此处可以间隔选择线段，按 Ctrl+Backspace 快捷键将其移除来精简一下面数，如图 4-114 和图 4-115 所示。

按 4 键进入"面"级别，选择所有面对其多次倒角操作，制作出如图 4-116 所示的形状物体。

复制调整出右侧柜门，效果如图 4-117 所示。

step 06　将制作好的柜门向上复制并加线调整。选择中间部位的面复制，然后将面挤出，按 M 键打开材质编辑器，将半透明的材质赋予该玻璃物体。

选择图 4-116 所示的抽屉物体向上复制，移除凹凸效果中的线段加线调整，将中间的面倒角处理调整至如图 4-118 所示形状。

将中心处的面赋予半透明材质，将上半部分柜体的右侧柜门复制出来，效果如图 4-119 所示。

图 4-112　多边形调整

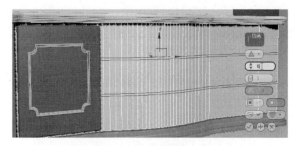

图 4-113　加线和切线

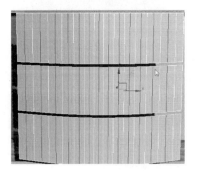

图 4-114　间隔选择线段

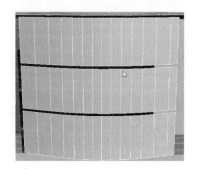

图 4-115　移除线段

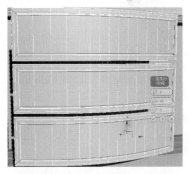

图 4-116　面的倒角加线效果

图 4-117　复制调整效果

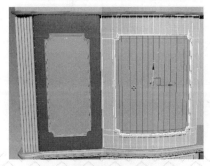

图 4-118　面的倒角调整效果

图 4-119　复制柜门效果

step 07 在顶视图中创建如图 4-120 所示的样条线，然后使用布尔运算制作出如图 4-121 所示的样条线。

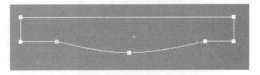

图 4-120　创建样条线　　　　　　　　　　　　图 4-121　样条线布尔运算效果

添加"挤出"修改器，将样条线挤出调整为三维模型。

选择如图 4-122 所示中的面进行挤出调整。然后使用石墨建模工具栏中的"条带"工具进行多边形快速绘制，如图 4-123 所示。然后选择面向外挤出调整，细分后效果如图 4-124 所示。

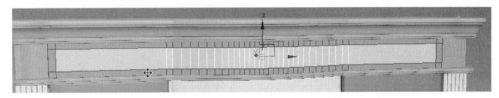

图 4-122　加线选择面挤出

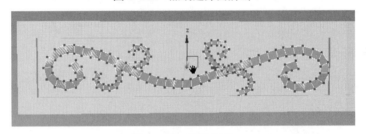

图 4-123　绘制形状

图 4-124　面的挤出效果

将绘制的花纹模型向右复制，在修改器下拉列表中添加 FFD 3×3×3 修改器，先调整模型大小比例，然后添加"弯曲"修改器，根据柜体的表面曲线效果，调整模型弯曲角度，效果如图 4-125 所示。

图 4-125　复制或弯曲调整

在图 4-126 所示中的位置绘制多边形条带，然后将面挤出细分效果，如图 4-127 所示。

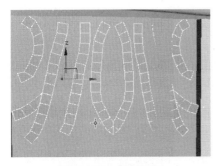

图 4-126　条带绘制

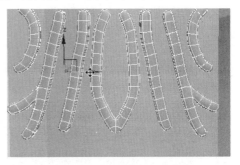

图 4-127　面的挤出细分效果

同样的方法绘制出图 4-128 所示中的花纹效果。

step 08　制作出拉手模型如图 4-129 和图 4-130 所示。

图 4-128　花纹制作效果

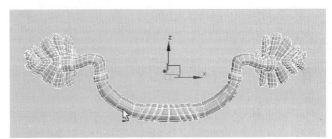

图 4-129　拉手模型效果

复制调整拉手模型和花纹模型位置，并在底部位置创建一个圆柱体，对其多边形形状调整至如图 4-131 所示形状。该物体作为柜子底座物体。

复制调整出剩余底座模型，最终效果如图 4-132 所示。

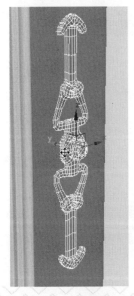

图 4-130　拉手模型效果

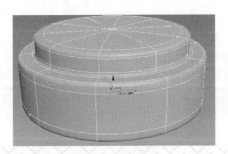

图 4-131　调整形状

图 4-132　最终效果

本实例中餐边柜的制作主要用到的方法就是创建剖面曲线后进行倒角剖面的修改，把握好它们之间的高度及比例，最后就是制作出花纹和拉手模型。虽然看上去有点复杂，但只要掌握好合适的方法后制作起来就会很简单。

实例 05 制作卡座

卡座可以理解为简单一点的沙发，是将传统沙发和餐椅功能综合衍生而成的一种坐具，被广泛使用于餐厅、酒店、休闲娱乐场所、公共场所等。卡座按形状主要分为单面卡座、双面卡座、半圆形餐厅卡座、U 形卡座等。

 设计思路

本实例制作一个小户型房间的卡座沙发，为了空间的需求放置在一个角落中，所以来制作一个 L 形卡座。

效果剖析

本实例 L 形卡座的制作流程如下。

技术要点

本实例卡座主要用到的技术要点如下。

- 模型剖面曲线的绘制。
- "挤出"修改器的使用。
- 墙体模型的表现方法。
- 窗户的制作设置方法。
- "噪波"修改器的使用。
- 放样工具的使用方法。
- 渲染尺寸的设置。
- 摄像机的匹配。

制作步骤

本实例中的卡座模型制作起来非常简单，为了增加效果先来制作场景中如墙、窗户、柜子等辅助模型。

step 01　在视图中创建一个长方体模型，设置长、宽、高分别为 420mm、500mm、500mm，该长方体主要用来作为参考物体。参考长方体的大小绘制一个如图 4-133 所示形状的样条线。然后在顶视图中再创建一个 L 形的样条线。

单击"创建"命令面板下的"标准基本体"后面的下三角按钮，在下拉列表中选择"复合对象"选项，进入"复合对象"面板中单击"放样"按钮，然后单击"获取图形"按钮拾取图 4-133 所示中的样条线，此时放样后的模型效果如图 4-134 所示。

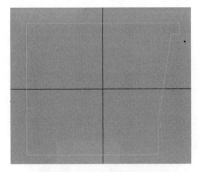

图 4-133　绘制样条线

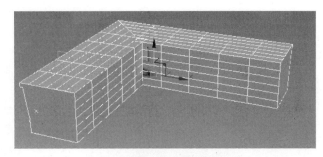

图 4-134　放样效果

从图 4-134 中观察得知，放样后的模型方向不正确，需要调整一下。单击 Loft 前面的+号，进入"图形"子级别，框选图形后沿 X 轴旋转 90°，效果如图 4-135 所示。

放样后的模型布线较密，如何来降低模型面数呢？展开"蒙皮参数"卷展栏，降低图形步数和路径步数的值，此时放样后的模型面数就会大大降低，如图 4-136 所示。

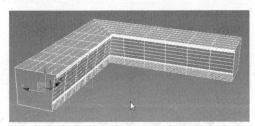

图 4-135　图形 90°旋转调整

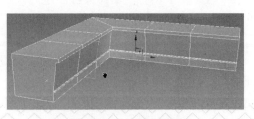

图 4-136　降低分段数

右击，在弹出的快捷菜单中选择"转换为"｜"转换为可编辑多边形"命令，将模型转换为可编辑的多边形物体，适当加线调整布线。

step 02 在卡座外围创建样条线，然后在修改器下拉列表中添加"挤出"修改器来制作出墙体效果。将该墙体模型转换为多边形物体，加线选择部分面向外挤出制作出墙角线效果，如图 4-137 所示。

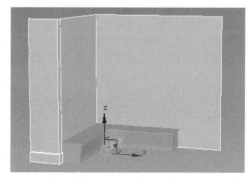

图 4-137 制作出墙体

step 03 单击软件左上角 Max 图标，选择"导入"｜"合并"命令，选择一个窗户模型并将其导入到当前场景中，调整窗户的大小和位置后再复制一个调整到另外一面墙上，如图 4-138 所示。此时墙体的面遮挡住了窗户部分模型，所以在墙体上加线，并删除窗户处的面，效果如图 4-139 所示。

图 4-138 窗户的导入调整

图 4-139 删除窗户位置的墙体面

选择所有玻璃物体，按 M 键打开材质编辑器，选择一个标准材质，设置不透明度为 10，将该半透明材质赋予玻璃物体。

step 04 在卡左右侧墙体边缘创建一个长方体作为柱子模型，然后创建一个如图 4-140 所示的样条线。在修改器下拉列表中添加"挤出"修改器，将该模型再向上进行复制一个，然后回到"样条"线级别，进行适当修改，设置挤出的高度，效果如图 4-141 所示。

step 05 按 F10 键打开渲染设置面板，设置当前渲染尺寸为 480×650，按 Shift+F 快捷键打开视图安全框，调整视图大小，按 Ctrl+C 快捷键匹配摄像机，调整参数面板下的镜头参数和视野参数，直至视图调整到满意位置。调整好的视图效果如图 4-142 所示。

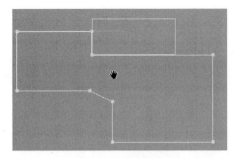

图 4-140　创建样条线

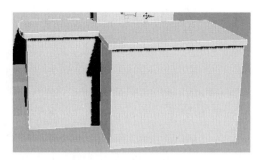

图 4-141　复制调整形状

step 06　调整右侧柜体模型。在该柜体上加线，然后选择面倒角挤出调整出抽屉效果。创建一个球体，在"参数"卷展栏中设置切片结束位置为 180(这样只创建半个球体模型)，将半球复制移动嵌入到抽屉模型中。在"创建"命令面板中进入"复合对象"面板，单击 ProBoolean 按钮(超级布尔运算)，然后单击"开始拾取"按钮，依次拾取半球体模型完成布尔运算，运算后模型效果如图 4-143 所示。

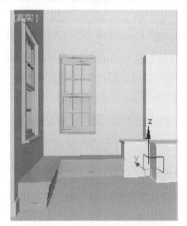

图 4-142　摄像机视图调整

图 4-143　布尔运算效果

step 07　在卡座上方位置创建一个长方体模型，对其进行多边形的编辑调整至如图 4-144 所示。将该模型细分一级后塌陷，然后添加"噪波"修改器，调整各个轴向上的强度值和比例参数，如图 4-145 所示。然后复制调整出另外一个坐垫模型。

图 4-144　坐垫模型制作

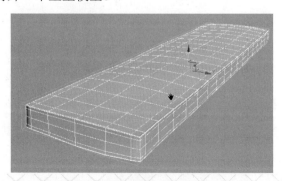

图 4-145　施加"噪波"修改器后的效果

step 08 在视图中创建一个长方体并转换为可编辑的多边形物体，通过加线、倒角操作制作出如图 4-146 所示形状的桌面物体。

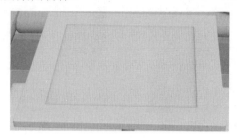

图 4-146　桌面效果

创建一个球体并调整分段数为 16，然后将该球体转换为可编辑的多边形物体，删除底部一半模型，然后对图 4-147 所示中的线段切角。选择切角后的面向外倒角挤出，细分后效果如图 4-148 所示。

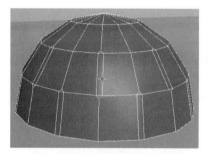

图 4-147　线段切角

图 4-148　面的倒角细分效果

在底座和桌面之间创建一个圆柱体作为支撑杆，然后创建一个面片作为地面物体。导入抱枕模型后复制调整出剩余抱枕模型，最终效果如图 4-149 所示。

图 4-149　最终效果

本实例中通过卡座模型的制作学习了超级布尔运算的方法、摄像机的设置、渲染尺寸的设置以及一些常用的建模命令。还简单学习了墙体、窗户的简单制作。本实例的重点是渲染面板的设置和摄像机的匹配设置方法。

实例 06 制作吧台

吧台是酒吧向客人提供酒水及其他服务的工作区域，是酒吧的核心部位，最初源于酒吧，网吧等带"吧"字的场所，其代表这些地方的总服务台(收银台)。也用于表示餐厅、旅馆等一些现代娱乐休闲服务场所的总服务台。

但是随着人们生活水平的提高，吧台在家庭中也被越来越多的人使用。餐厅和客厅之间设立一个吧台不仅可以作为隔断物体，又能增加不少情趣。

 设计思路

本实例中制作一个家庭用的小型吧台，多用于品酒和饮品等的一个简单场所。

效果剖析

本实例吧台的制作流程如下。

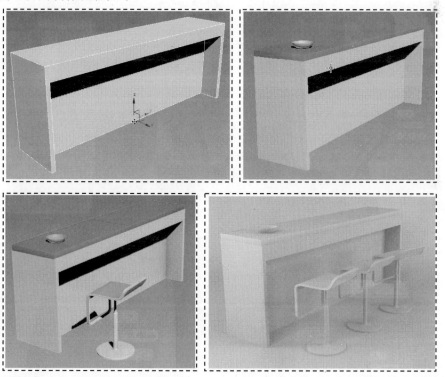

技术要点

本实例中吧台的制作很简单，使用的技术要点如下。

● 超级布尔运算的使用方法。

● 三维空间样条线的绘制方法。

● "车削"修改器的使用方法。

制作步骤

首先来制作吧台，然后制作出转椅。

step 01 在视图中创建一个长、宽、高分别为 2950mm、650mm、1120mm 的长方体物体，继续创建长方体模型并移动嵌入到另一个长方体内部，如图 4-150 所示。(这样做的目的是为了后面进行布尔运算)

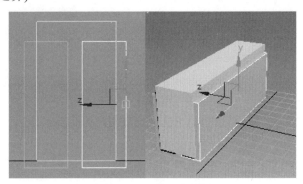

图 4-150　创建长方体模型

注意

布尔运算前，尽量使长方体之间嵌入的深度调整好，这样在布尔运算后就能得到所需要的效果，而不需要再进行调整。

在"创建"命令面板中进入"复合对象"面板，单击 ProBoolean (超级布尔运算)按钮，单击"开始拾取"按钮拾取左右两侧长方体模型，布尔运算后的效果如图 4-151 所示。

将该物体塌陷为可编辑的多边形物体后调整模型布线(尽可能地保持每个面均为四边面)。然后在模型的边缘加线调整，细分效果如图 4-152 所示。

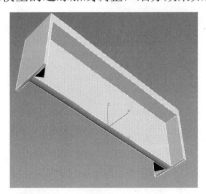　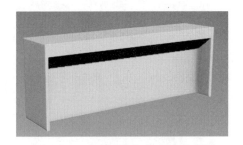

图 4-151　超级布尔运算效果　　　　图 4-152　调整布线加线后细分效果

step 02 在吧台桌面的位置创建一个切角长方体并转换为可编辑的多边形物体，调整大小后在中间位置加线，然后选择顶端的面向下倒角处理，效果如图 4-153 所示。

step 03 在视图中创建一个弧形样条线，按 3 键进入"样条线"级别，选择样条线，单击"轮廓"按钮，在样条线上单击拖动鼠标来对轮廓进行修改，如图 4-154 所示。然后进入

"点"级别，将顶端的点处理为圆角如图 4-155 所示。

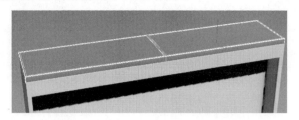

图 4-153　切角长方体面的倒角调整

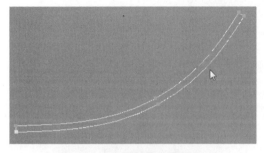

图 4-154　样条线的轮廓修改

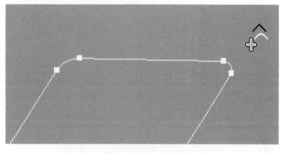

图 4-155　点的圆角处理

在修改器下拉列表中添加"车削"修改器，单击"对齐"卷展栏中的"最小"按钮快速设置旋转的轴心。通过"车削"修改器可以快速将二维曲线旋转 360°生成三维模型，效果如图 4-156 所示。车削后的模型细分程度可以通过修改分段数进行修改，数值越大模型越精细。

图 4-156　施加"车削"修改器后的效果

　提示

通过"车削"命令可以快速制作类似盘子、碗、酒杯等比较规则的物体。

step 04　在顶视图中创建一个矩形框，右击，在弹出的快捷菜单中选择"转换为"｜"转换为可编辑样条线"命令，将矩形转换为可编辑的样条线，将图 4-157 所示中的线段平均拆分为 3 段，拆分的方法是选择需要拆分的线段，设置拆分后面的数值，然后单击"拆分"按钮即可。

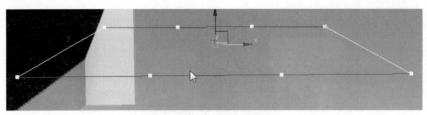

图 4-157　线段的拆分

在前视图中选择点移动调整至图 4-158 所示。然后选择所有点并右击，在弹出的快捷菜单中选择"角点"命令，将所有的点设置为角点，如图 4-159 所示。

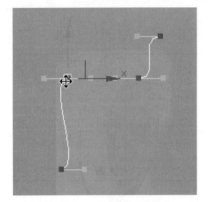

图 4-158　点的移动调整

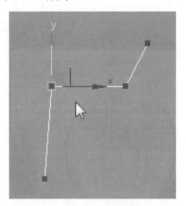

图 4-159　角点设置

单击"圆角"按钮将部分点设置为圆角，如图 4-160 所示。然后切换到左视图将底部的角点也处理为圆角，效果如图 4-161 所示。

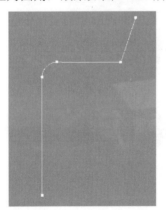

图 4-160　点的圆角处理 1

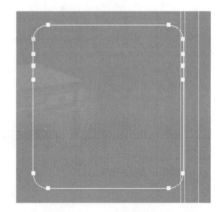

图 4-161　点的圆角处理 2

调整之后的样条线在透视图中的效果如图 4-162 所示。

创建一个矩形框，设置角半径值为 0.8mm 左右。进入"复合对象"面板，单击"放样"按钮，然后再单击"获取路径"按钮拾取样条线完成模型的放样。放样后的效果如图 4-163 所示。

将该模型复制一个，设置放样的图形步数和路径步数均为 0，然后将该模型塌陷为多边形物体，删除底部面，如图 4-164 所示。然后加线并在对应的面之间桥接出面，如图 4-165

所示。

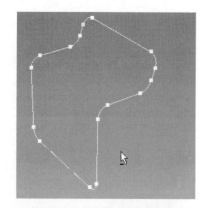

图 4-162　样条线的三维效果

图 4-163　样条线之间的放样效果

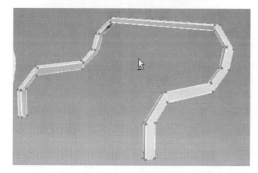

图 4-164　复制删除底部面

图 4-165　面的桥接调整

继续加线调整并将该模型移动到椅子的框架内部，细分效果如图 4-166 所示。

图 4-166　坐垫模型调整效果

step 05　创建一个圆柱体对其进行多边形的修改调整，制作出底座和支撑杆模型效果如图 4-167 所示。再创建出液压杆模型，椅子整体效果如图 4-168 所示。

缩放调整椅子和吧台比例后将椅子模型再复制两个并旋转调整角度，最终效果如图 4-169 所示。

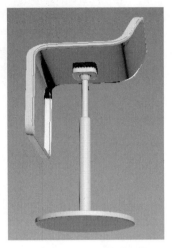

图 4-167　底座模型制作

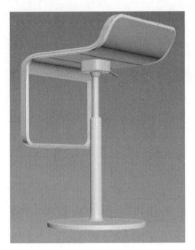

图 4-168　椅子整体效果

图 4-169　最终效果

本实例重点要掌握三维空间中样条线的调整方法。前面学习的样条线调整都是基于二维空间的调整，而三维空间的调整稍微复杂一些，唯一注意的一点就是 3 个轴向的调整掌握。

实例 07 制作垃圾柜

随着时代的发展，垃圾桶也逐渐发展成了垃圾柜，形式从简单到复杂也越来越实用。本实例中就来制作一个实用的垃圾柜。

　设计思路

考虑到美观和实用的两面性，将垃圾柜的空间最大化利用，下面为盛放垃圾桶的两个柜体，上方为可以盛放垃圾袋的抽屉。

效果剖析

本实例垃圾柜的制作流程如下。

技术要点

本实例中没有用到太多新的知识点，重点复习一下多边形建模下的命令和模型最终的布尔运算的方法。

制作步骤

step 01　在视图中创建一个长、宽、高分别为 700mm、400mm、1000mm 的长方体模型，右击，在弹出的快捷菜单中选择"转换为"｜"转换为可编辑多边形"命令，将模型转换为可编辑的多边形物体，通过加线、面的倒角等操作制作出所需形状，过程如图 4-170～图 4-173 所示。

　　　　　　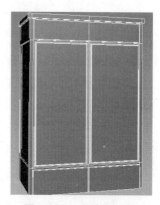

图 4-170　多边形调整 1　　　图 4-171　多边形调整 2　　　图 4-172　多边形调整 3

分别在柜门上下、左右边缘位置以及上方抽屉边缘位置等处加线处理，细分效果如图 4-173 所示。

step 02　选择柜门和抽屉处的面，单击"分离"按钮将选择的面分离出来。为了便于和之前模型区分，单击修改器面板中的颜色框选择另外一种颜色，如图 4-174 所示。将抽屉背部的面向后移动调整。

step 03　关联复制柜门物体，选择边界线，单击"封口"按钮将开口封闭起来，然后加

线并调整布线，如图 4-175 和图 4-176 所示。

图 4-173 加线细分效果

图 4-174 面的分离效果

图 4-175 选择边界线

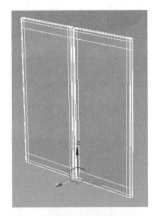

图 4-176 加线调整布线

选择柜体模型，按 ALT+Q 快捷键孤立化显示，选择柜门和抽屉处的边界线段，按住 Shift 键向后移动挤出面。调整效果如图 4-177 所示。

单击 ▦(层次)按钮进入"层次"命令面板，单击"仅影响轴"按钮，将柜门物体的轴心移动到它们的底部中间位置，再次单击"仅影响轴"按钮退出轴心的调整。使用旋转工具适当旋转柜门角度，如图 4-178 所示。

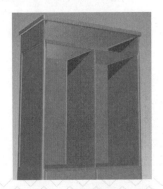

图 4-177 边界线的挤出调整

图 4-178 柜门的旋转

step 04　在左视图中创建长方体模型作为柜门和柜体之间的连接杆，旋转复制出另外一个，然后在它们之间的交接出创建一个圆柱体，如图 4-179 所示。

step 05　创建一个长方体模型并转换为可编辑的多边形物体，加线并将顶部的面向外倒角挤出，在边缘位置加线细分后效果如图 4-180 所示。将垃圾桶物体移动到柜子的内部，调整它的旋转轴心后适当旋转一定角度，然后复制出另外一个垃圾桶模型。

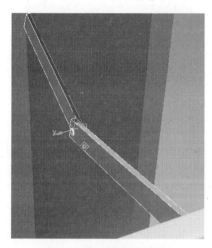

图 4-179　创建出连接杆

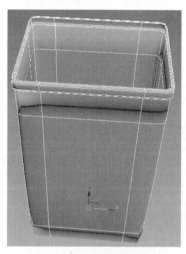

图 4-180　垃圾桶制作

step 06　创建一个圆柱体进行多边形的调整，调整出拉手模型效果如图 4-181 所示。复制调整出柜门上的拉手模型，效果如图 4-182 所示。

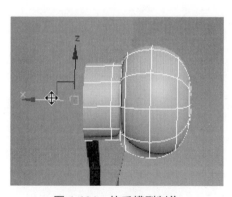

图 4-181　拉手模型制作

图 4-182　复制调整拉手模型

step 07　在柜门表面位置创建两个长方体并移动嵌入到柜门模型表面内，然后在柜体底部创建几个圆柱体，调整的位置如图 4-183 所示。

在保持柜体细分的情况下，进入"复合对象"面板，单击 ProBoolean 按钮，单击"开始拾取"按钮依次拾取长方体和圆柱体模型完成布尔运算，运算后的总体效果如图 4-184 所示。

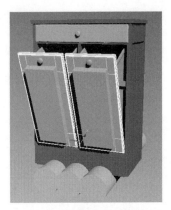

图 4-183　创建长方体和圆柱体

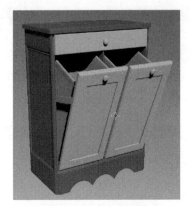

图 4-184　最终效果

　　总结：在布尔运算时需要注意的一点，布尔运算会打破模型之前的布线细节，所以在布尔运算前要先确定模型是否还需要调节，如需调节，尽量保持模型 0 细分和减少模型面数；如不需调整最终模型细节要求比较高，那么就需要将模型细分(一般细分两级)之后塌陷再次进行布尔运算，这样既能保持较高的细节，又能完成布尔运算。

第5章

书房家具设计

　　书房是吟诗作画、读书写字的场所。要求品位很高，工艺上更是精益求精，使书房内塑造一个古朴而高雅的情调。陈设精致，注重简洁、明净。便于文友相互切磋、啜茗弈棋、看书弹琴，因而书柜、书桌、书架、杂志架、休闲椅、八仙桌、太师椅是必备。

　　从前的家具接触面不是木料就是藤、麻等较粗糙的材料，现在我们在使用的家具，可加上各种软垫或抱枕，不但让书房增添色彩，坐起来也更加舒服。因为受空间限制，现代家居无法开足够大的窗子，所以在灯光照明上，也要缜密考虑，必须保证有充足且舒适的光源。此外，精致的盆栽也是书房中不可忽略的装饰细节。绿色植物不仅让空间富有生命力，对于长时间思考的人来说，也有助于舒缓精神。

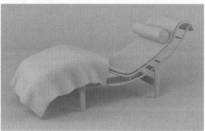

实例 01 制作书柜

书柜是书房家具中的主要家具之一，即专门用来存放书籍、报纸、杂志等书物的柜子。许多消费者总是丢三落四，书籍乱扔乱放，让居室生活变得一团糟。而这个时候，如果有了书柜，把全部书整理在书柜里面，让居室生活一下子变得干净明了。

书柜的风格迥异，家用书柜风格很多，有美式、欧式、韩式、法式、地中海式等各种风格，各种风格的家用书柜尺寸大小不一。至于选什么样的书柜，书柜尺寸多大等就是因人而异了，家用书柜尺寸更多是根据自己的装修大小和书房面积等设置。选购原则要根据个人风格喜好，房间的大小，布局等来综合考虑。

 设计思路

本实例将制作一个现代风格的书柜，配合吊柜以及书架的装饰，墙角位置可以配合书柜的大小制作一个简单的电脑桌来增加实用性和美观性。

效果剖析

本实例现代书柜的制作流程如下。

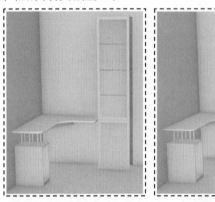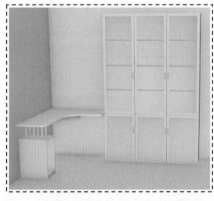
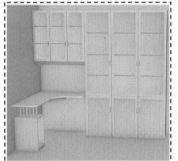

技术要点

本实例现代书柜模型从使用性出发，书柜和书架以及电脑桌相结合，充分利用空间。制作使用的技术要点如下。

- 倒角剖面修改器的使用。
- 物体的移动对齐调整。
- 透明材质的简单设置。

制作步骤

先来制作墙体和电脑桌，然后制作书柜模型。

step 01 在视图中创建一个长方体并转换为可编辑的多边形物体，删除前、右、上部分面，然后选择剩余 3 个面，单击"翻转"按钮将该面的法线反转，这样在显示和渲染时才能够正确显示。通过这种方法可以快速制作出房间的墙面和地面效果。

step 02 在墙角的位置创建一个如图 5-1 所示的样条线，选择拐角处的点，单击"圆角"按钮，在点上单击左键并拖拉鼠标将直角点处理为圆角点，如图 5-2 所示。

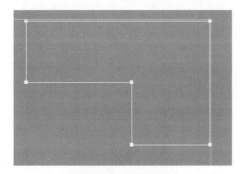

图 5-1　创建样条线

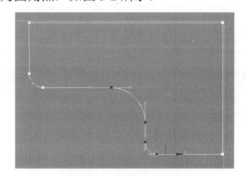

图 5-2　点的圆角化处理

然后创建一个矩形框，调整角半径值后将矩形转换为可编辑的样条曲线，删除左半部分线段，如图 5-3 所示。选择图 5-2 中的线段，在修改器下拉列表中添加"倒角剖面"修改器，拾取图 5-3 中的曲线完成三维模型转换，效果如图 5-4 所示。

图 5-3　样条线创建

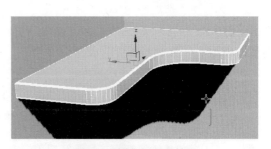

图 5-4　倒角剖面后效果

适当缩放该物体的厚度，然后创建长方体模型来制作键盘托盘处的模型，如图 5-5 所示。

在电脑桌左侧底部的位置创建长方体模型并复制调整长方体高度来制作主机箱柜，然后在机箱柜和桌面之间创建几个圆柱体作为支撑物体，效果如图 5-6 所示。

图 5-5　键盘托盘模型制作

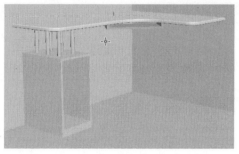

图 5-6　制作出机箱柜和支撑杆模型

step 03　在左视图中创建一个长、宽、高分别为 2200mm、500mm、15mm，圆角值 1.5mm 的切角长方体，右击，在弹出的快捷菜单中选择"转换为"|"转换为可编辑多边形"命令，将模型转换为可编辑的多边形物体，旋转复制该切角长方体模型并调整大小。然后将柜门处的面倒角处理后单击"分离"按钮，将该面分离出来，打开材质编辑器选择一个默认材质，将不透明度设置为 20 左右，然后赋予该面，调整效果如图 5-7 所示。

　　将书柜下半部分柜门面也向内挤出倒角，然后在凹陷的位置创建一个长方体并旋转一定角度后按住 Shift 键向下移动复制，制作出栅格效果如图 5-8 所示。

图 5-7　书柜调整效果

图 5-8　栅格效果制作

step 04　选择整个书柜模型，再次向右移动复制，然后将上半部分模型向左复制调整大小制作出吊柜模型，效果如图 5-9 所示。

图 5-9　吊柜模型制作效果

step 05 创建一个长方体，将其转换为可编辑的多边形物体，修改形状制作出拉手模型，然后将拉手模型复制调整到其他柜门位置。在顶视图中创建一个矩形框，调整角半径值大小，然后在修改器下拉列表中添加"倒角"修改器，参数和效果如图 5-10 所示。

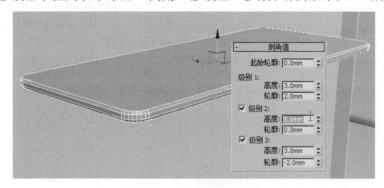

图 5-10　矩形的倒角设置

将该模型旋转复制并调整位置，制作出书架效果如图 5-11 所示。现代书柜最终效果如图 5-12 所示。

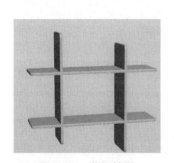

图 5-11　书架效果

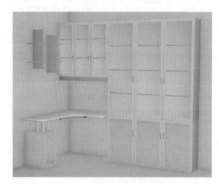

图 5-12　最终效果

如果想使效果更佳美观，可以在书柜的内部制作或者导入一些书籍、摆件艺术品模型等，感兴趣的用户可以发挥自己的想象使场景更佳完善。

实例 02 制作书桌

书桌，指供书写或阅读用的桌子，通常配有抽屉。书桌的设计也得选择符合人体工程学原理的，书桌椅的尺寸要与孩子的高度、年龄以及体型相结合，这样才有益于他们的健康成长。书桌椅的线条应圆滑流畅，圆形或弧形收边的最好，另外还要有顺畅的开关和细腻的表面处理。带有锐角和表面坚硬、粗糙的书桌椅都要远离孩子。

 设计思路

本实例中设计的书桌结合明清家具和现代家具的特点，造型独特，美观大方。同时也可

以作为电脑桌使用。流线型桌腿设计使书桌更具有艺术性。

效果剖析

本实例书桌模型的制作流程如下。

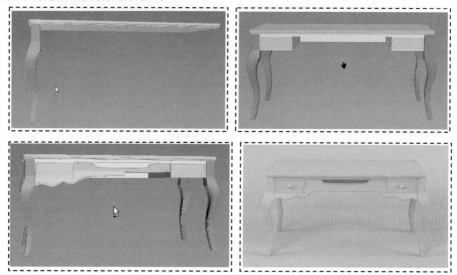

技术要点

本实例制作中用到的技术要点如下。

- 物体轮廓的样条线绘制。
- 多边形建模的常用命令。

制作步骤

step 01 在视图中先创建一个长、宽为 700mm、1600mm 的矩形框,设置角半径值为 15mm。再创建一个如图 5-13 所示的桌面剖面曲线。按 1 键进入"点"级别,单击"圆角"按钮将部分点处理为圆角,如图 5-14 所示。

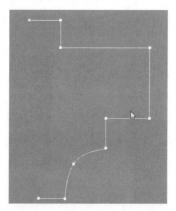

图 5-13　创建桌面剖面曲线

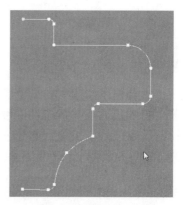

图 5-14　点的圆角处理

选择矩形，在修改器下拉列表中添加"倒角剖面"修改器，单击"拾取剖面"按钮拾取图 5-14 中的桌面剖面曲线，拾取之后的模型效果如图 5-15 所示。

图 5-15　倒角剖面效果

 注意

如果倒角剖面效果不满意，可以继续调整拾取的样条曲线的形状从而控制三维模型，调整时只能通过调整点的方法来控制模型，但是不能通过整条样条线的缩放等操作来控制模型的变化。

step 02　创建一个长方体模型作为桌腿部分模型，右击，在弹出的快捷菜单中选择"转换为"｜"转换为可编辑多边形"命令，将模型转换为可编辑的多边形物体，通过加线、移动点、面的倒角挤出等方法调整腿部形状，过程如图 5-16～图 5-18 所示。

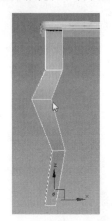  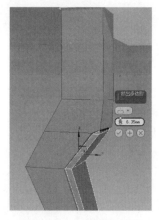

图 5-16　腿部形状调整　　　　图 5-17　加线　　　　图 5-18　面的倒角挤出

在如图 5-19 和图 5-20 所示中的位置对线段切线处理。

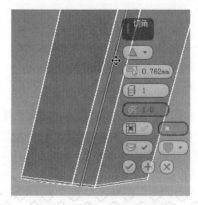 

图 5-19　线段的切角处理 1　　　　图 5-20　线段的切角处理 2

复制调整出剩余 3 个桌腿模型，如图 5-21 所示。

图 5-21　复制调整出剩余桌腿模型

step 03　在桌面的底部边缘位置创建长方体模型，通过在可编辑多边形模式下对面进行倒角操作，制作出抽屉模型，过程如图 5-22 和图 5-23 所示。

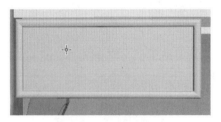

图 5-22　面的倒角效果

图 5-23　面的挤出效果

step 04　将修改好的抽屉模型向右复制一个，然后在两抽屉之间创建如图 5-24 所示的样条线，单击 按钮沿 X 轴复制，单击"附加"按钮拾取复制的样条线完成两条样条线的附加，框选对称中心处的点，单击"焊接"按钮将其焊接起来。选择所有点，右击，在弹出的快捷菜单中选择"角点"命令，将点设置为角点。右击，在弹出的快捷菜单中选择"细化"命令，然后在下边线段上单击来加点处理，效果如图 5-25 所示。

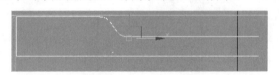

图 5-24　创建样条线

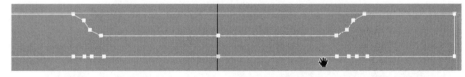

图 5-25　样条线的镜像复制后细化调整

在修改器下拉列表中添加"挤出"修改器，设置挤出值为 20，然后将该模型塌陷为多边形物体。在前视图中框选上下对应的点，按 Ctrl+Shift+E 快捷键在对应的点之间连接出线段，然后通过加线、面的挤出操作制作出如图 5-26 所示形状。

step 05　在抽屉模型下方位置创建一个如图 5-27 所示的样条线。

在修改器下拉列表中添加"挤出"修改器后将模型塌陷为多边形物体，然后调整模型布线，如图 5-28 所示。

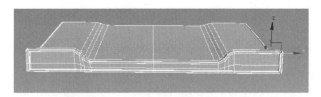

图 5-26　模型面的挤出、加线调整

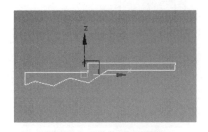

图 5-27　样条线的创建

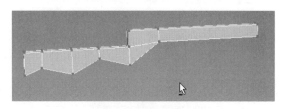

图 5-28　调整布线效果

在边缘位置加线，然后选择部分面向外挤出面调整，如图 5-29 所示。

图 5-29　面的挤出操作

分别在模型的上下、左右、前后边缘位置加线，按 Ctrl+Q 快捷键细分光滑显示该模型效果如图 5-30 所示。

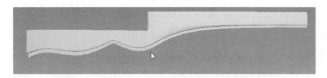

图 5-30　加线细分效果

选择该物体底部边缘部分点沿 Y 轴方向做适当移动调整，在修改器下拉列表中添加"对称"修改器，对称调整出另外一半模型，整体效果如图 5-31 所示。

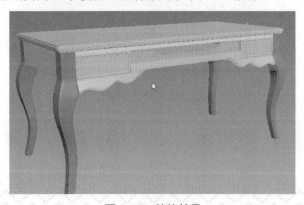

图 5-31　整体效果

step 06 创建一个球体进行多边形形状调整出拉手模型，过程如图 5-32～图 5-35 所示。

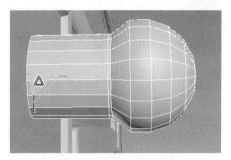

图 5-32　拉手模型调整 1

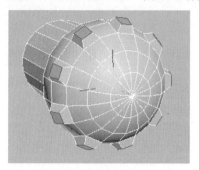

图 5-33　拉手模型调整 2

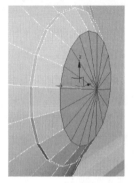

图 5-34　拉手模型调整 3

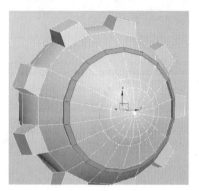

图 5-35　拉手模型调整 4

复制调整出另外一个拉手模型，整体对模型比例进行调整，按 M 键打开材质编辑器，在左侧材质类型中单击标准材质并拖曳到右侧材质视图区域，选择场景中所有物体，单击 按钮将标准材质赋予所选择物体，效果如图 5-36 所示。

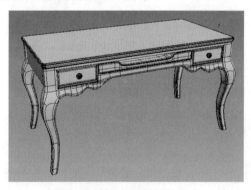

图 5-36　最终效果

实例 03 制作书架

书架，指的是广义上人们用来专门放书的器具。由于其形态、结构的不同，又有书格、书柜、书橱等其他名称。它是我们生活中的普遍用具。

 设计思路

书架灵活多变、款式繁多，在设计上有着更多的想象空间。本实例的书架设计为可移动的书柜样式。底部都有滑轮，侧面带有推拉杆，中间由 4～5 层隔板组成。

效果剖析

本节制作的书架，制作过程如下所示。

 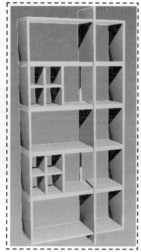  

技术要点

本实例也没有太多新的知识点，需要注意的地方是物体与物体之间的复制移动调整时的对齐控制。

制作步骤

step 01 创建一个长、宽、高分别为 1680mm、800mm、300mm 的长方体，该长方体不参与模型制作，只用来作为尺寸的参考。在顶视图中参考长方体模型尺寸创建一个长、宽、高分别为 300mm、800mm、15mm 的切角长方体，设置圆角值为 1mm 左右。将长方体模型塌陷为多边形物体，然后在高度位置添加 4 条线段，按 F4 键显示网格。然后选择切角长方体模型向下复制，复制时参考长方体的分段位置进行移动调整，如图 5-37 所示。

step 02 选择其中一个切角长方体模型旋转 90° 复制，右击，在弹出的快捷菜单中选择"转换为"｜"转换为可编辑多边形"命令，将模型转换为可编辑的多边形物体，选择顶端或者底端的点进行精确的位置移动调整。然后向下复制调整出剩余模型，如图 5-38 所示。

step 03 选择其中一个切角长方体复制调整出中间的隔板，注意隔板有两层，中间位置是镂空的，所以需要进行布尔运算。复制两个边框模型，使用缩放工具沿 X 轴缩放并移动到隔板中间，如图 5-39 所示。进入"复合对象"面板，单击 ProBoolean(超级布尔运算)按钮，单击"开始拾取"按钮拾取要运算掉的隔板模型完成布尔运算，运算后效果如图 5-40 所示。

复制调整出其他隔断模型，总体效果如图 5-41 所示。

图 5-37　切角长方体的创建复制

图 5-38　边框的复制调整

图 5-39　复制缩放隔板模型

图 5-40　布尔运算效果

图 5-41　隔断制作效果

step 04　切换到左视图，在每层隔板中间创建一个圆柱体并移动嵌入到隔板内部，将圆柱体再复制一个。单击"附加"按钮将每层隔板模型附加在一起，使用"超级布尔运算"工具将隔板和圆柱体模型进行布尔运算，效果如图 5-42 所示。

图 5-42　布尔运算效果

对复制的圆柱体进行多边形的调整，然后移动到布尔运算之后的位置。

step 05　在书柜边缘位置创建一个切角圆柱体作为书柜的推拉杆，调整其高度，然后创建出推拉杆和柜体之间的固定杆，如图 5-43 所示。

复制出其他推拉杆模型，效果如图 5-44 所示。

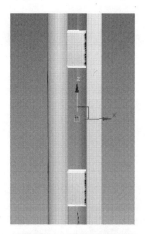

图 5-43　推拉杆创建

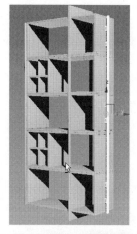

图 5-44　推拉杆模型复制

step 06　滑轮的制作。在底部创建一个切角圆柱体，然后创建一个如图 5-45 所示的样条线。

在修改器下拉列表中添加"挤出"修改器，设置挤出值为 4mm，然后复制调整。在两者之间创建一个圆柱体，对圆柱体进行多边形形状调整，然后创建一个胶囊物体作为它们之间的固定杆，效果如图 5-46 所示。

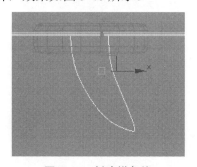

图 5-45　创建样条线

图 5-46　滚轮制作

复制调整出剩余 3 个滚轮模型，按 M 键打开材质编辑器，在左侧材质类型中单击标准材质并拖曳到右侧材质视图区域，选择场景中所有物体，单击 按钮将标准材质赋予所选择物体，效果如图 5-47 所示。

实例 04 制作现代杂志架

现代杂志架是用来摆放杂志、报纸、广告宣传资料的一种展示工具，它具有简单明了、方便取阅等优点，能起到展示商品、传达信息、促进销售的作用。现代杂志架广泛应用于企事业单位、广告

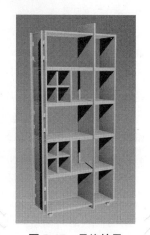

图 5-47　最终效果

公司、展示厅、休闲家居、宾馆超市等场所，提升企业形象具有新颖独特、美观实用、时尚简约的特点，深受广大人群和消费者的青睐。随着生活提高，现代杂志架也渐渐进入家居、书房、客厅中。

 设计思路

根据现代杂志架的简单明了、方便取阅等特点，本实例制作一个木质框架结构的现代杂志架。该杂志架设计自由明了、简洁大方。

效果剖析

本实例现代杂志架的制作流程如下。

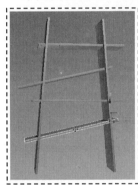

技术要点

本实例制作中用到的技术要点如下。

● 局部坐标的使用方法。

● 物体的外部导入方法。

制作步骤

step 01 在视图中创建一个切角长方体，设置长、宽、高分别为 1400mm、330mm、20mm，并调整圆角值，右击，在弹出的快捷菜中选择"转换为"｜"转换为可编辑多边形"命令，将模型转换为可编辑的多边形物体，适当旋转调整角度后复制调整至图 5-48 所示。

step 02 继续选择层板旋转 90°复制，调整大小。在每一层的一侧位置进行复制调整(注意要与层板模型垂直)。创建复制长方体并移动到如图 5-49 所示位置。

将长方体模型塌陷为多边形物体，单击"附加"按钮拾取所有绿色长方体模型。选择两侧挡板模型，进入"复合对象"面板，单击 ProBoolean 按钮进入"超级布尔运算"面板，单击"开始拾取"按钮拾取绿色长方体模型进行布尔运算，运算效果如图 5-50 所示。

step 03 创建长方体模型，旋转调整到边缘挡板位置，然后单击工具栏中"视图"右侧的下三角按钮，在下拉列表中选择"局部"选项，切换到模型自身坐标轴(这样选择的好处就是无论模型怎样旋转，它的坐标轴始终是沿着自身的坐标方向，很方便移动调整)，将该物体多次复制调整，如图 5-51 所示。

图 5-48　复制调整

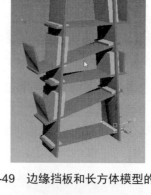

图 5-49　边缘挡板和长方体模型的创建

图 5-50　布尔运算效果

图 5-51　长方体模型的移动、旋转复制

step 04　单击软件左上角的 Max 图标，选择"导入"｜"合并"命令，导入小摆件、茶具、相框等模型并调整到杂志架上，按 M 键打开材质编辑器，在左侧材质类型中单击标准材质并拖曳到右侧材质视图区域，选择场景中所有物体，单击 按钮将标准材质赋予所选择物体，效果如图 5-52 所示。

图 5-52　标准材质效果

本实例制作起来非常简单，无非就是一些长方体模型的移动、旋转、复制调整等操作，最主要的还是设计，有了设计后，制作只是设计的表现而已。

实例 05 制作休闲椅

休闲椅就是我们平常享受闲暇时光用的椅子，这种椅子并不像餐椅和办公椅那样正式，而是具有独特品格，能够给人们视觉和身体的双重舒适感。休闲椅可以给人们带来无限舒适、时尚的家居生活享受。简洁明快的线条充分发挥人性的内涵。宁静至远，幽幽含香，温馨绵绵，享受时尚，像一首抒情诗。休闲中，总让人回味无穷……

 设计思路

根据休闲椅的小个性以及随意性，本实例制作的休闲椅类似于一个躺椅，同时强调它的舒适性。

效果剖析

本节实例休闲椅的制作流程如下。

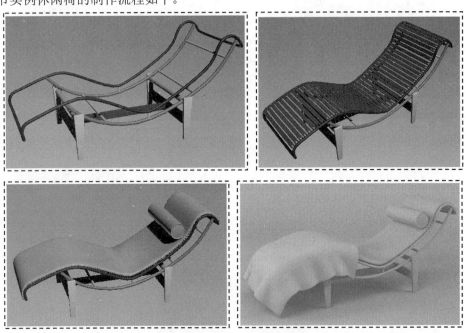

技术要点

本实例休闲椅，从实用性和舒适性相结合，表现出休闲椅的高端大气效果。主要用到的技术要点如下。

- 样条线的三维空间中的形状调整。

- 路径约束的使用的方法。
- 快照工具的使用。
- 多边形命令面板下的绘制笔刷的使用方法。
- 布料系统的使用方法。

制作步骤

step 01　在视图中创建一个矩形线，右击，在弹出的快捷菜单中选择"转换为" | "转换为可编辑样条线"命令，将矩形转换为可编辑的样条线。选择线段，并将"拆分"按钮后面的数值设置为 2，单击"拆分"按钮将选择的线段平分为 3 段，如图 5-53 所示。

移动点调整至如图 5-54 所示形状(需要加点的地方可以适当加点)。

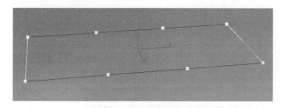
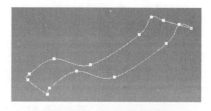

图 5-53　线段的拆分　　　　　　　图 5-54　点的移动调整

step 02　将样条线复制一个，然后勾选"渲染"卷展栏中的"在渲染中启用"和"在视口中启用"复选框，设置厚度值为 80，边数为 12(将样条线设置为带有半径厚度的模型显示)。在视图中再创建一个如图 5-55 所示的样条线并勾选"在渲染中启用"和"在视口中启用"复选框，效果如图 5-55 所示。

将创建的样条线复制到另外一侧，然后在它们之间创建出连接固定杆模型，如图 5-56 所示。

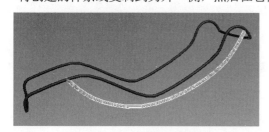
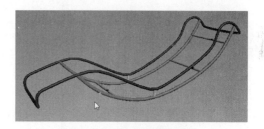

图 5-55　创建样条线　　　　　　　图 5-56　连接固定杆模型

step 03　创建切角长方体并转换为可编辑的多边形物体，将底部的点适当向内移动调整，然后复制调整出腿部模型和创建出腿部模型之间的连接固定杆，如图 5-57 所示。

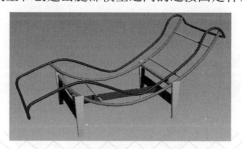

图 5-57　腿部模型和连接杆模型创建

step 04 创建一个长方体模型并转换为可编辑的多边形物体，加线后将两侧位置的面向外挤出，然后在边缘和拐角位置加线约束，细分后效果如图 5-58 所示。

图 5-58　创建修改木板模型

选择图 5-54 中复制的样条线，删除其他线段只保留一侧线段。选择创建的木板模型，选择菜单栏中的"动画" | "约束" | "路径约束"命令，然后在样条线上单击，这样就完成了模型的路径约束。在"路径参数"卷展栏中勾选"跟随"复选框，拖动时间滑块可以观察模型在路径上进行位置的移动。在选择菜单栏中的"工具" | "快照"命令，在弹出的"快照"对话框中进行，参数设置后效果如图 5-59 所示。

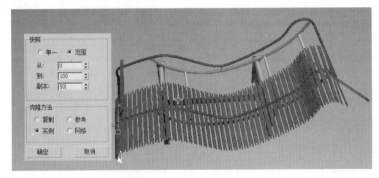

图 5-59　快速复制模型效果

　注意

在样条线末端位置的物体，复制效果有些偏差，这里不用担心，可以使用移动、旋转工具调整即可。

将所有快照复制的模型向上移动调整到休闲椅框架上方位置，调整效果如图 5-60 所示。

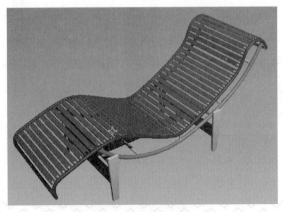

图 5-60　移动调整效果

step 05　创建一个长方体，右击，在弹出的快捷菜单中选择"转换为"|"转换为可编辑多边形"命令，将模型转换为可编辑的多边形物体，通过加线、面的倒角挤出调整出躺垫模型，效果如图 5-61 所示。

在修改器下拉列表中添加"涡轮平滑"修改器，设置"迭代次数"为 2；再次添加"编辑为多边形"修改器，单击"绘制变形"卷展栏中的"推/拉"按钮，调整笔刷大小和强度，在模型表面上雕刻，简单雕刻出垫子的褶皱效果。然后创建一个圆柱体，修改制作出靠枕模型，如图 5-62 所示。

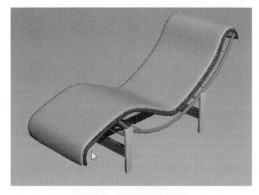
图 5-61　垫子模型制作

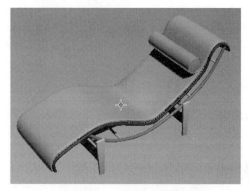
图 5-62　靠枕模型制作

step 06　在休闲椅尾部上方创建一个面片，将分段数设置高一些，在修改器下拉列表中添加 Cloth 修改器，单击"对象属性"按钮，在"对象属性"对话框中单击"添加对象"按钮将靠垫模型添加进来，设置面片物体为"布料"，预设值中选择"棉布"，将靠垫物体设置为"冲突对象"，其他参数保持默认值即可。单击"模拟局部"按钮进行布料的模拟运算，感觉运算效果满意之后再次单击"模拟局部"按钮暂停运算。运算后效果如图 5-63 所示。

将运算后的布料模型添加"壳"修改器，将单面模型设置为"双面"，塌陷转换为多边形物体后选择底部面删除。再次添加"壳"修改器，设置厚度后细分效果如图 5-64 所示。

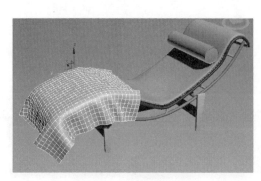
图 5-63　布料运算效果

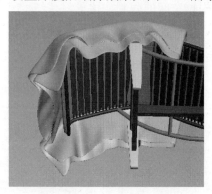
图 5-64　布料的厚度设置

在修改器下拉列表中添加"噪波"修改器，给当前布料的表面添加一些凹凸效果(此处凹凸值不易过大)，最终的模型效果如图 5-65 所示。

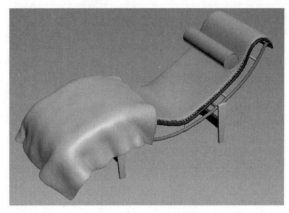

图5-65 最终效果

本实例学习了一些比较新颖的建模方法，特别是快照工具的使用和布料系统的建模，找到合适的工具制作相对应的模型可以大大节省工作时间和提高工作效率。

实例 06 制作八仙桌

八仙桌，中华民族传统家具之一。指桌面四边长度相等的、桌面较宽的方桌，大方桌四边，每边可坐两人，四边围坐八人(犹如八仙)，古汉族民间雅称八仙桌。

从结构和用途上讲，八仙桌的流行存在着很大的必然性。普遍认为在大型家具中八仙桌的结构最简单，用料最经济，也是最实用的家具。其使用方便，形态方正，结体牢固。亲切、平和又不失大气，有极强的安定感。

设计思路

根据空间的限制，这里将传统的八仙桌模型适当缩小。既然是八仙桌就要有明清时期的风格，所以重点还是突出表现它的纹理和复古气息。

 效果剖析

本实例明清时期八仙桌的制作流程如下。

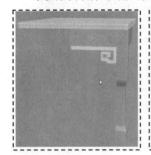   

本实例主要用到的技术要点如下。

● 样条线倒角剖面生成三维模型。
● 桌腿一角的多边形制作处理方法。
● Photoshop 中图片生成路径的方法。
● 路径导入 3ds Max 中生成样条线方法。
● 图形样条线转换为三维模型方法。

制作步骤

本实例先制作桌面，然后制作桌腿一角并镜像调整出剩余桌腿，最后重点来处理桌面底部的雕花效果。

step 01 在顶视图中创建一个 600×600mm 的矩形，设置角半径值为 6mm，然后在前视图中创建一个如图 5-66 所示的样条线。进入"点"级别，使用圆角工具将直角点处理为圆角，效果如图 5-67 所示。

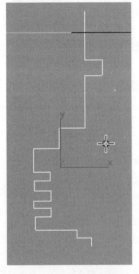

图 5-66　样条线创建

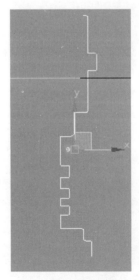

图 5-67　圆角处理

选择矩形，在修改器下拉列表中添加"倒角剖面"修改器，单击"拾取剖面"按钮拾取图 5-67 中的样条线，将该模型塌陷为多边形物体后加线调整，选择顶部中心的面用"倒角"工具向内挤出倒角，效果如图 5-68 所示。

step 02 桌腿一角的制作。此处桌腿一角的制作将介绍得详细一些，因为此处制作起来有一定的难度。首先创建一个长方体模型，旋转 90°复制，将两个模型附加在一起，调整至如图 5-69 所示形状。

选择角的边界线，按住 Shift 键向下挤出面调整，如图 5-70 所示。在高度上继续加线调整出细节，如图 5-71 所示。

图 5-68　倒角剖面并修改效果

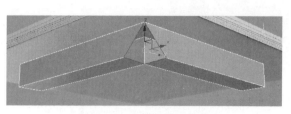

图 5-69　长方体模型调整

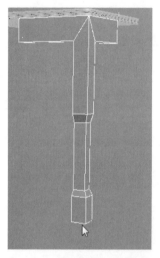

图 5-70　面的挤出调整效果

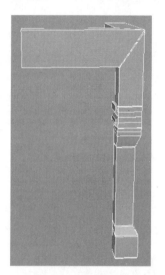

图 5-71　加线调整

选择如图 5-72 所示中的线段，按 Ctrl+Shift+E 快捷键加线，如图 5-73 所示。

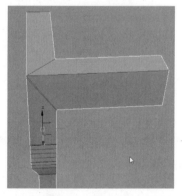

图 5-72　选择线段

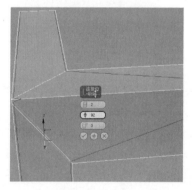

图 5-73　加线

使用"目标焊接"工具将相邻的点焊接，并移动调整点的位置来调整布线，效果如图 5-74 所示。在内侧上下位置加线，如图 5-75 所示。

选择如图 5-76 所示中的面，使用倒角工具向内挤出面调整。细分效果如图 5-77 所示。

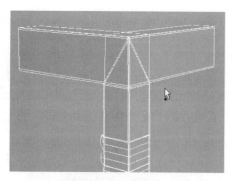

图 5-74　布线调整

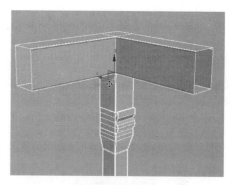

图 5-75　加线

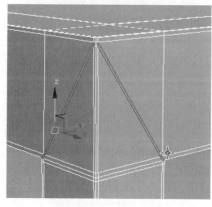

图 5-76　对面倒角处理

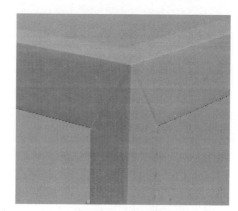

图 5-77　细分效果

　　同样的方法选择边缘一圈的面向外倒角挤出，注意拐角处的线段要切角处理。边缘调整细节效果如图 5-78 所示。

　　step 03　创建一个长方体并转换为可编辑的多边形物体，加线挤出面调整出如图 5-79 所示形状模型。

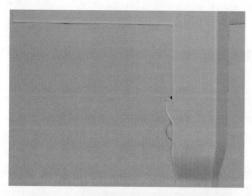

图 5-78　边缘面的倒角处理细分效果

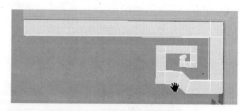

图 5-79　多边形调整物体形状

　　在如图 5-80 所示中红色线的位置加线。加线后选择内边缘的面向外挤出，并在拐角位置加线来约束模型细分效果。调整后的细分效果如图 5-81 所示。

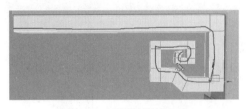

图 5-80　需要加线的位置

图 5-81　面的倒角挤出细分效果

step 04　选择桌腿一角两个模型，在修改器下拉列表中添加"对称"修改器，先沿 X 轴方向对称复制，如图 5-82 所示。然后添加"对称"修改器，再沿 Y 轴方向对称复制，效果如图 5-83 所示。

图 5-82　对称复制 1

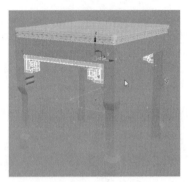

图 5-83　对称复制 2

将底部的雕花模型再旋转 90°复制调整到另外两侧位置。

step 05　启动 Photoshop 软件，打开一张龙的图片，如图 5-84 所示。

图 5-84　PS 打开图片

单击工具箱中的　(魔棒工具)按钮，在龙的红色区域单击快速选取龙的选区，然后单击

"路径"面板底部的"将从选区生成工作路径"按钮,可以将选区转换为工作路径,这样就在"路径"面板中添加了一个工作路径。在"图层"面板中双击"背景"图层,设置为普通层,取消选中"图层 0"图层前面的眼睛图标,可以看到刚才转换为路径的效果如图 5-85 所示。

图 5-85　路径效果

选择"文件"|"导出"|"路径到 Illustrator"命令,选择一个要保存的位置确定。返回到 3ds Max 软件中,单击软件左上角的 Max 图标,选择"导入"命令,将刚才在 Photoshop 中导出的路径文件选项,在弹出的"AI 导入"对话框选中"合并对象到当前场景"单选按钮,单击"确定"按钮;然后在弹出的"图形导入"对话框中选中"单个对象"单选按钮,单击"确定"按钮,这样就把龙的路径以一个整体路径导入到 3ds Max 软件当中。导入进来的路径是以样条线的形式存在的,可以对点、线进行操作。在修改器下拉列表中添加"挤出"修改器,效果如图 5-86 所示。

从图 5-86 中可以得知,挤出的模型效果并不理想。光把导入的模型删除,重新导入路径文件,这次在"图形导入"对话框中选中"多个对象"单选按钮,进行导入,多个对象导入的效果如图 5-87 所示。

图 5-86　挤出效果

图 5-87　多个对象的导入效果

对部分样条线移动调整，在修改器下拉列表中添加"挤出"修改器，效果如图 5-88 所示。

选择其他所有样条线，同样添加"挤出"修改器，效果如图 5-89 所示。

图 5-88　样条线挤出效果

图 5-89　挤出修改效果

step 06 进入"创建"命令面板下的"复合对象"面板，然后使用"超级布尔运算"工具完成模型之间的布尔运算，效果如图 5-90 所示。

在修改器下拉列表中添加"四边形网格化"修改器，将布尔运算之后的模型调整为四边面效果，设置"四边形大小%"值为 6.0(该值越大模型布线越少，值越小模型面数越多)，然后在修改器下拉列表中添加"涡轮平滑"修改器，细分值设置为 1，将龙的模型移动调整到八仙桌边缘底部位置，(可以将该模型再复制一个，删除部分面保留一部分，使模型更加充实一些)调整好之后镜像出另外一半，然后复制调整出其他 3 个面模型。按 M 键打开材质编辑器，在左侧材质类型中单击标准材质并拖曳到右侧材质视图区域，选择场景中所有物体，单击 按钮将标准材质赋予所选择物体，效果如图 5-91 所示。

图 5-90　布尔运算效果

图 5-91　最终效果

本实例中重点学习利用 Photoshop 软件导出图形的路径后并导入 3ds Max 软件中的方法，该方法和手动进行创建样条线相比，可以节省大量时间。所以软件之间的配合使用显得尤其重要。

实例 **07** 制作太师椅

太师椅是古家具中唯一用官职来命名的椅子，它最早使用于宋代，最初的形式是一种类似于交椅的椅具。到了清代，太师椅变成了一种扶手椅的专称，而且在人们的生活中占据了主要的地位。太师椅最能体现清代家具的造型特点，它体态宽大，靠背与扶手连成一片，形成一个三扇、五扇或者是多扇的围屏。

 设计思路

太师椅的设计目的，是为了突出主人的地位和身份，这从它的名字就可以看出来——"太师"坐的椅子。因此，在大众眼中，太师椅的设计宗旨是"舒适让位于尊严"。事实上，从医学的角度看来，太师椅是"舒适让位于健康"——正是由于它"规矩"的造型，才可以发挥预防腰背疼痛的功效。

需要强调的是，在 3 个 90°中，腰背部与大腿呈 90°最为重要，因为腰背部直立时腰椎间盘受力相对较小，后方的肌肉受力也相应减小，这样才能避免腰背部肌肉过度紧张。如果腰部过度前屈或后仰，腰椎间盘所受到的压力和剪切力都相应增加，久而久之易造成肌肉损害，甚至椎间盘损伤。

效果剖析

本实例太师椅的制作流程如下。

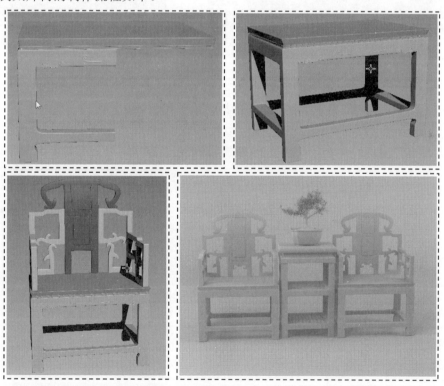

技术要点

本实例太师椅中的制作方法基本上均是在长方体的基础上调整的，所以多边形建模功能十分强大，任何复杂的物体都可以用长方体模型修改出来。当然，本实例中的技术要点也主

要是多边形建模下的常用命令。

制作步骤

先制作出椅子的坐面和腿，然后是靠背模型的制作，其中靠背模型的制作是一个重点。

step 01　在视图中创建一个长方体，设置长、宽、高分别为 650mm、450mm、25mm，右击，在弹出的快捷菜单中选择"转换为"｜"转换为可编辑多边形"命令，将模型转换为可编辑的多边形物体。选择底部面，使用"倒角"工具挤出面并调整，然后在四角位置加线，细分效果如图 5-92 所示。

step 02　在椅子面的边缘底部创建一个长方体，对其进行多边形的形状调整，如图 5-93 所示。

图 5-92　创建出椅子面模型

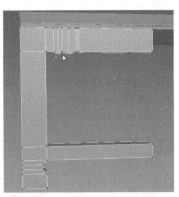

图 5-93　创建腿部一角模型

接下来需要在图 5-94 所示中红色线条的地方绘制模型的凸起纹理，所以需要对模型进行加线调整。

右击，选择"剪切"命令，在模型上加线调整布线，布线调整效果如图 5-95 所示。

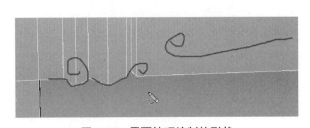

图 5-94　需要纹理绘制的形状

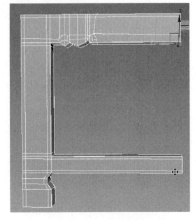

图 5-95　布线调整效果

选择纹理凸起地方的线段将其切角处理，然后选择如图 5-96 所示的面，使用"倒角"工具向外挤出倒角，细分效果如图 5-97 所示。

继续在表面切线调整模型布线，选择线段切角后再选择切角的面向外倒角挤出面调整，效果如图 5-98 所示。

step 03　在修改器下拉列表中添加"对称"修改器，对称调整出右侧模型，然后将模型塌陷后再复制出另外一边模型。单击"附加"按钮将两个模型附加在一起，如图 5-99 所示。

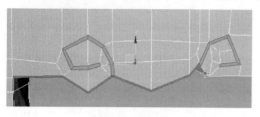

图 5-96　选择面

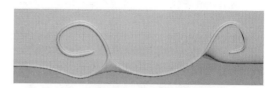

图 5-97　面的倒角细分效果

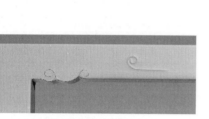

图 5-98　表面纹理制作

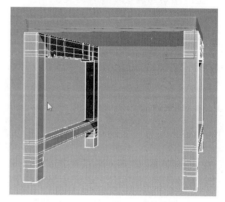

图 5-99　对称复制调整模型

按 4 键进入"面"级别，选择上方一角相对应的面，单击"桥"按钮使其中间自动生成面，效果如图 5-100 所示。

同样的方法桥接出下部的连接杆模型，在直角的边缘位置加线细分后效果如图 5-101 所示。

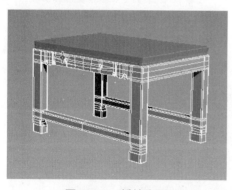

图 5-100　桥接出面

图 5-101　面的桥接细分调整

step 04　靠背级扶手制作。创建一个长方体并转换为可编辑的多边形物体，单击 按钮关联镜像出右侧模型。通过加线、面的倒角等调整形状，过程如图 5-102 和图 5-103 所示。

再创建一个长方体模型对其进行多边形形状调整，如图 5-104 所示。

图 5-102 多边形调整

图 5-103 多边形形状调整 1

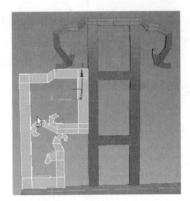
图 5-104 多边形形状调整 2

将调整后的模型旋转 90°复制移动到扶手位置，调整点来修改模型的形状和比例，如图 5-105 所示。

分别在模型的拐角位置和边缘位置加线，也可以配合线段的切角使用。这里虽然一笔带过，但是需要加线的地方很多，加线的目的就是为了约束模型在细分后不至于出现较大的变形效果，具体过程可以参考视频。细分效果如图 5-106 所示。

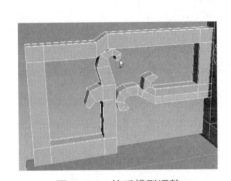
图 5-105 扶手模型调整

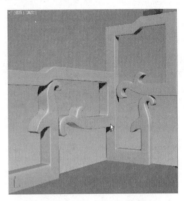
图 5-106 加线后细分效果

同样对靠背模型也加线处理，然后在修改器下拉列表中添加"对称"修改器，调整出右侧模型，然后将左侧的扶手模型镜像复制到右侧，整体效果如图 5-107 所示。

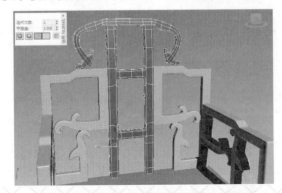
图 5-107 对称、镜像调整出对称模型效果

将靠背模型洞口内部的面删除，然后选择上下对应的面，单击"桥"按钮自动生成面。然后选择对应的点，按 Ctrl+Shift+E 快捷键加线调整布线，选择面倒角处理，效果如图 5-108 所示。

重新调整模型之间的大小比例，效果如图 5-109 所示。

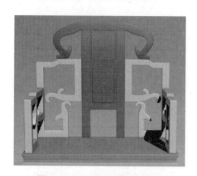

图 5-108　靠背模型处理

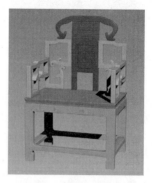

图 5-109　调整模型后的效果

继续调整靠背模型底部效果，切线删除部分面，然后选择前后对应的面，单击"桥"按钮自动连接出面，如图 5-110 所示。选择边界线，挤出面并调整出如图 5-111 所示形状。对称出另外一半模型。

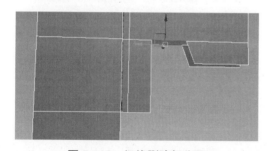

图 5-110　切线删除部分面

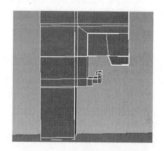

图 5-111　面的挤出调整

step 05　在边缘位置加线后，选择所有模型复制一个，然后创建出中间的茶几模型。茶几的创建过程如下：创建一个长方体模型并转换为可编辑多边形物体，删除底部面，按 3 键进入"边界"级别，选择底部边界线，按住 Shift 键向下移动复制出面并调整大小，然后加线，选择四角的面向下挤出，如图 5-112 所示。

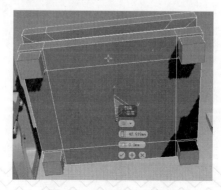

图 5-112　面的挤出调整

将面向下移动，然后在中间位置加线后，选择对应的面桥接出中间部分的面，效果如图 5-113 所示。同样的方法调整出底部连接模型。加线细分效果如图 5-114 所示。

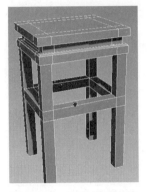

图 5-113　面的桥接调整

图 5-114　调整细分效果

在底部位置创建一个长方体模型并旋转调整好位置，然后平行复制出剩余模型，如图 5-115 所示。单击 ⊞ 按钮，选择 XY 轴镜像，效果如图 5-116 所示。

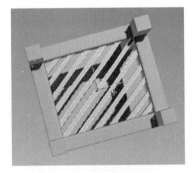

图 5-115　木板的平行复制

图 5-116　镜像复制

step 06　单击软件左上角的 Max 图标，选择"导入"|"合并"命令，选择一个盆景模型合并到当前场景中，调整大小和位置，最终的效果如图 5-117 所示。

图 5-117　最终效果

本实例中的模型看似复杂，但是制作起来其实很简单，加线和"倒角"、"桥"命令的配合使用可以快速制作出类似于本实例中的椅子和茶几模型。当然，还有重要的一点，模型之间的比例一定要合适。只有这样制作出来的效果才会美观。

第**6**章

厨房家具设计

以往家庭厨房是一个相对独立的区域，目前正与家庭的空间连为一体。因而对厨具的外观要求日趋讲究，已不再是只要求能放置厨房器具、洗涤蔬菜，而开始追求厨具的美观大方。对于现代成套厨具的要求，丝毫不比其他家具逊色，各种款式的现代厨具备受消费者欢迎。

厨房家具可分为五类。第一类是储藏用具，分为食品储藏和器物用品储藏两大部分，冷藏是通过厨房内的电冰箱、冷藏柜等实现的。第二类是洗涤用具，包括冷热水的供应系统、排水设备、洗物盆、洗物柜、消毒柜、食品垃圾粉碎器等。第三类是调理用具，主要包括调理的台面，整理、切菜、配料、调制的工具和器皿。第四类是烹调用具，主要有炉具、灶具、电饭锅、高频电磁灶、微波炉、微波烤箱等。第五类是进餐用具，主要包括餐厅中的家具和进餐时的用具和器皿等。

实例 **01** 制作橱柜

橱柜是指厨房中存放厨具以及做饭操作的平台。使用明度较高的色彩搭配，由五大件组成：柜体、门板、五金件、台面、电器。不过随着人们对橱柜越来越高的要求，整体橱柜也应运而生。整体橱柜，亦称"整体厨房"，是指由橱柜、电器、燃气具、厨房功能用具四位一体组成的橱柜组合。

 设计思路

根据现代厨房中的要求设计制作一个整体橱柜，配合吊柜、储物柜以及电器等制作一个完整的橱柜效果。

效果剖析

本实例橱柜的制作流程如下。

技术要点

本实例橱柜，从风格出发，强调实用性和美观性，主要用到的技术要点如下。

- 面的挤出到倒角制作柜门上的凹陷纹理。
- 物体之间的对齐方法。

制作步骤

在制作时，尽可能地按照现实中橱柜的制作方法来制作模型，制作的顺序是从下到上。

step 01　在视图中创建一个长方体模型，设置长、宽、高为 18mm、1370mm、100mm，然后进行旋转复制调整出两个长方体模型，并将宽度值设置为 600，制作出底部模型，如图 6-1 所示。

step 02　创建墙面模型和复制调整出橱柜内部的支撑腿模型和柜面模型，如图 6-2 所示。

图 6-1　底座模型

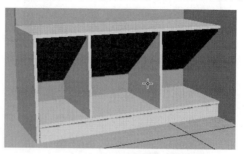

图 6-2　内部支撑腿和柜面模型

复制调整出另外一面墙的柜体模型，效果如图 6-3 所示。其中创建过程中用到了物体的复制调整以及布尔运算，还有模型与模型之间的附加、点的位置调整等。这些方法在前面的章节中已经介绍过，这里不再详细重复。

step 03　在左侧柜面的位置创建一个长方体模型并移动嵌入到柜面模型中，使用布尔运算制作出镂空效果，如图 6-4 所示。

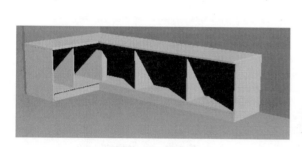

图 6-3　柜体创建

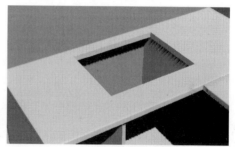

图 6-4　布尔运算效果

在洞口位置创建一个面片并转换为可编辑的多边形物体，加线移动调整布线位置，然后选择中间的面向下倒角挤出，效果如图 6-5 所示。在拐角位置及边缘位置加线，细分效果如图 6-6 所示。

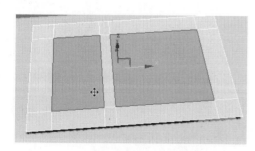

图 6-5　加线选择面向下倒角挤出

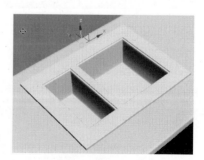

图 6-6　加线细分效果

step 04 创建一个圆柱体，设置边数为 8、端面分段数为 2，右击，在弹出的快捷菜单中选择"转换为"｜"转换为可编辑多边形"命令，将模型转换为可编辑的多边形物体，选择顶部面向下挤出倒角如图 6-7 所示。然后选择如图 6-8 所示的线段切角。

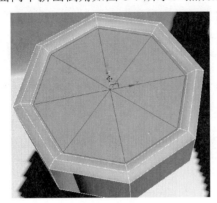

图 6-7 面的挤出倒角

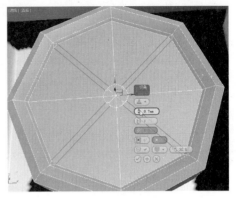

图 6-8 线段的切角效果

线段切角后，使用"目标焊接"工具将多余的点焊接起来，如图 6-9 和图 6-10 中的点。

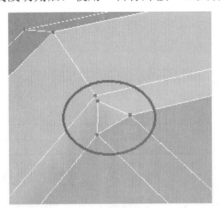

图 6-9 多余的点要进行焊接调整

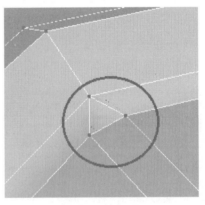

图 6-10 点的焊接

选择如图 6-11 所示中的面进行删除，然后选择边界线，按住 Shift 键的同时向下移动挤出面调整，细分效果如图 6-12 所示。将该模型移动到水槽的底部位置。

图 6-11 选择面删除

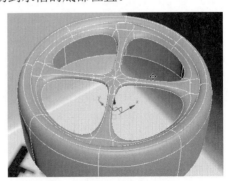

图 6-12 边界线的移动挤出面调整

step 05　在水槽的前段中心位置创建一个圆柱体，并将其转换为多边形物体之后，删除顶端的面。选择边界线，按住 Shift 键配合"移动"、"旋转"工具挤出面调整，如图 6-13 所示。

继续加线、面的倒角挤出调整，然后创建出简单的开关模型，细分效果如图 6-14 所示。

图 6-13　水龙头模型

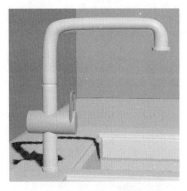

图 6-14　细分效果

step 06　创建修改出柜门模型效果，如图 6-15 所示。然后单击单击"创建"|"扩展基本体"|"异面体"按钮，创建一个如图 6-16 所示的异面体模型。

将该物体转换为多边形物体，删除一半模型，使用缩放工具拉长，选择前部分的线段进行切角，然后选择背部的边界线挤出面，细分后效果如图 6-17 所示。

图 6-15　柜门模型效果

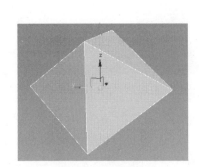

图 6-16　异面体模型

图 6-17　修改细分效果

复制调整出其他柜门模型，效果如图 6-18 所示。

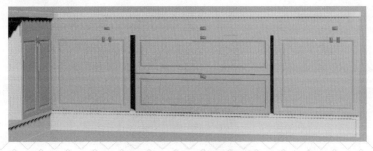

图 6-18　柜门的复制调整

在柜门与柜门之间的位置创建一个圆柱体，设置边数为 46 左右，删除不需要的面，然后选择保留的所有面，单击"倒角"按钮后面的□图标，在弹出的"倒角"快捷参数面板中设置面的挤出方式为"按多边形"，将所有面向外倒角挤出，如图 6-19 所示。在该物体的上下两端位置创建切角长方体模型，调整大小和形状后复制，效果如图 6-20 所示。

图 6-19　面的倒角挤出

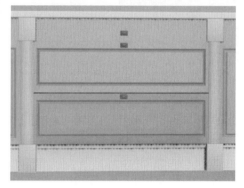

图 6-20　复制调整

step 07　单击界面左上角的 MAX 图标，选择"导入"|"合并"命令，选择燃气灶模型导入到当前场景中，移动调整到合适位置。选择柜面的一个模型和柜门模型向上复制，调整大小和位置，制作出吊柜模型，效果如图 6-21 所示。

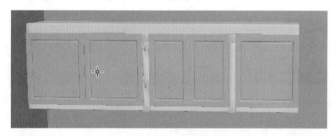

图 6-21　吊柜模型制作

对其中的一个柜门模型加线调整为如图 6-22 所示的形状。选择柜中间的面，单击"分离"按钮将选择的面分离出来。按 M 键打开材质编辑器，选择一个标准默认材质，调整"不透明度"的值为 20，赋予柜门的玻璃物体，效果如图 6-23 所示。

图 6-22　加线调整柜门形状

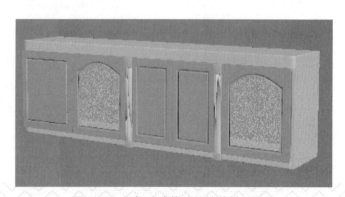

图 6-23　柜门玻璃物体的简单材质设置

创建调整出中间的隔板模型，然后将吊柜模型复制调整到左侧墙体上并调整大小，如图 6-24 所示。

step 08　创建一个长方体模型，移动到左侧墙体吊柜之间的位置，使用布尔运算制作出窗口模型效果，如图 6-25 所示。

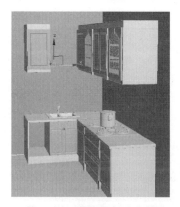

图 6-24　吊柜的复制调整

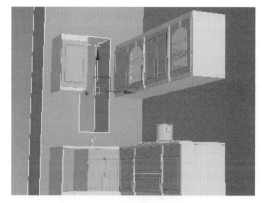

图 6-25　窗口的布尔运算效果

step 09　复制调整出右侧的立柜模型的柜门，如图 6-26 所示。(此处可以只制作柜门效果，因为考虑到后期的摄像机角度问题，背部是看不到的。)当然，如果为了追求理想状态下的模型效果，也可以将挡板等物体复制调整出来。

step 10　创建或者导入一些电器、花盆、碗筷、烤箱、微波炉等模型，按 M 键打开材质编辑器，在左侧材质类型中单击标准材质并拖曳到右侧材质视图区域。选择场景中所有物体，单击 按钮将标准材质赋予所选择物体，效果如图 6-27 所示。

图 6-26　立柜模型创建

图 6-27　最终效果

本实例中用到最多的建模方法就是复制调整。比如柜门，只要创建好一个模型，剩余的模型均可在其基础上进行复制修改。所以要学会模型之间的借用调整。

实例 02 制作吊柜

吊柜指的是固定在墙体上方的储物柜子。吊柜经常用于厨房、餐厅。吊柜高度一般以 700～750 为宜，深度在 300～400，长度依据房屋的设计而变化。吊柜离地一般为 1.6m 左

右，距离橱柜台面为750。

 设计思路

　　随着城市的发展，人们的居住空间也越来越受到限制，所以利用有限的空间来打造大容量的存储空间也越来越显得尤为重要。吊柜就是一个很好的例子，它既可以增加储物空间，还可以起到一定的装饰作用。本实例中的吊柜设计在墙面以及过道的阳角位置。造型没有必要太复杂。

效果剖析

　　本实例吊柜的制作流程如下。

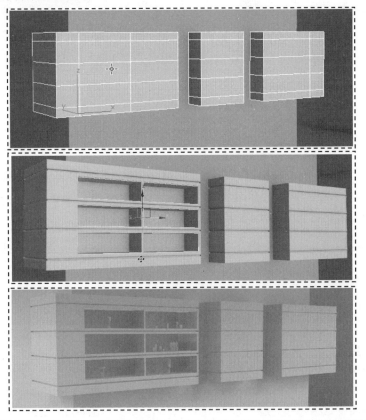

技术要点

　　本实例主要用到的技术要点如下。

- 多边形建模的基本命令掌握。
- VRay 渲染器的设置。
- VRay 玻璃材质的设置。

制作步骤

　step 01　创建一个面片物体作为地面，然后将该面片向上复制调整作为天花板模型，然后在它们之间创建一个长方体模型并复制出另一个作为墙体，如图 6-28 所示。

step 02　单击 (创建)｜ (图形)｜"线"按钮，在视图中创建如图 6-29 所示的样条线。

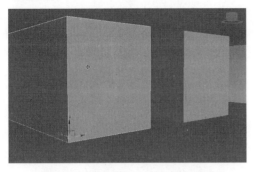

图 6-28　创建地面、天花板和墙体

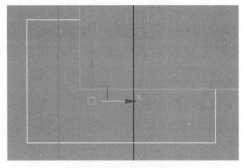

图 6-29　创建样条线

在修改器下拉列表下添加"挤出"修改器，设置挤出高度值为 750 左右，右击，在弹出的快捷菜单中选择"转换为"｜"转换为可编辑多边形"命令，将模型转换为可编辑的多边形物体，加线调整布线，然后将该物体镜像复制调整出对应的拐角位置吊柜和中间吊柜基本模型，如图 6-30 所示。

继续加线调整如图 6-31 所示。

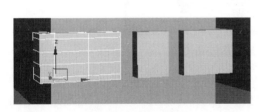

图 6-30　复制调整

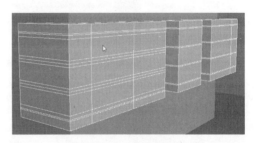

图 6-31　加线调整

选择如图 6-32 所示中的面，单击"倒角"按钮，在弹出的"倒角"快捷参数面板中设置倒角的方式为"局部法线"，设置参数向内倒角挤出，最后在边缘及拐角位置加线，细分效果如图 6-33 所示。

图 6-32　选择面倒角

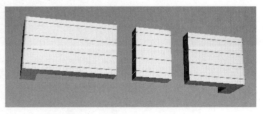

图 6-33　倒角后加线细分效果

step 03　继续加线，选择图 6-34 中的面向内倒角挤出。倒角后效果如图 6-35 所示。

在柜门的边缘位置继续加线，为了使棱角在细分后效果更加美观可以多添加分段。然后在柜门的位置创建长方体模型，复制调整出其他柜门模型，按 F10 键，在弹出的对话框中展开"指定渲染器"卷展栏，单击"产品级"后面的 按钮，在弹出的"选择渲染器"对话框

中选择 V-Ray 渲染器，单击"确定"按钮。按 M 键打开材质编辑器，展开-V-Ray 卷展栏，选择 VRayMtl(VRay 标准材质)拖曳到右侧空白区域，然后在 Diffuse map 上双击，此时在右侧位置会弹出参数设置面板，单击 Reflect 右侧的颜色块区域，在弹出的颜色选择器中选择一个接近于白色的灰色，同样将 Refract(折射)的颜色设置为白色。单击 按钮将设置好的材质赋予玻璃物体。这样就简单地设置了一个玻璃的透明材质，效果如图 6-36 所示。

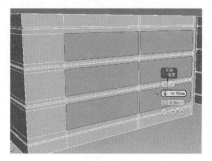

图 6-34　选择面倒角挤出

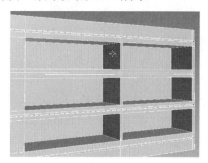

图 6-35　倒角效果

图 6-36　赋予透明材质效果

step 04　单击界面左上角 MAX 图标，选择"导入"|"合并"命令，选择一些小摆件模型导入到当前场景中，移动调整好它们的位置。选择除了玻璃模型之外的所有模型，按 M 键打开材质编辑器，在左侧材质类型中单击标准材质并拖曳到右侧材质视图区域。选择场景中所有物体，单击 按钮将标准材质赋予所选择物体，效果如图 6-37 所示。

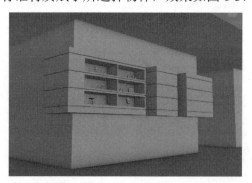

图 6-37　最终效果

小结：这里说明一下 VRay 标准材质下玻璃透明材质的设置，其中 Reflect(反射)的颜色代表着物体的反射，黑色代表不反射，白色代表反射，中间的灰色代表半反射。Refract(折射)中的颜色决定了物体的折射效果，白色代表完全折射也就是完全透明，黑色代表不折射也就是不透明。明白了两者颜色的理论之后，在设置材质时就会知道该如何调整了。

实例 03 制作刀架

刀架是用来放置刀具的架子。虽然刀架算不上真正的家具设计，但是它也是厨房用品中比较常见的工具。

 设计思路

本实例制作一个木质刀架，它分为底座、背板和刀架 3 个部分。结构比较简单，设计制作起来也很容易。

效果剖析

本实例刀架的制作流程如下。

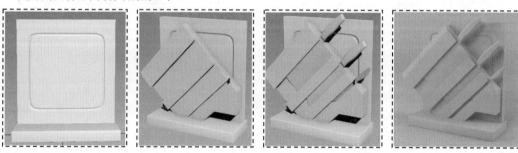

技术要点

本实例刀架主要用到的技术要点如下。

"切片平面"工具的使用方法。

制作步骤

step 01 在视图中创建一个切角长方体，然后旋转 90° 复制，调整高度值并并将其转换为可编辑多边形物体，加线后选择中间的面向内倒角挤出，效果如图 6-38 所示。

选择凹槽内的线段切角处理，细分后效果如图 6-39 所示。

图 6-38　创建底座和背板模型

图 6-39　线段切角细分效果

step 02 创建一个长方体模型，旋转一定角度后调整为如图 6-40 所示。

按 2 键进入"线段"级别，单击"切片平面"按钮，此时视图中会出现一个黄色的矩形框，这个矩形框映射到物体上时会出现一条红色的线段，如图 6-41 所示。黄色矩形框也就是切片平面，可以进行旋转、移动缩放等操作。

图 6-40　创建长方体旋转调整

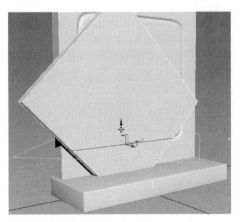

图 6-41　切片平面调整

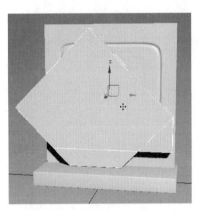

图 6-42　加线挤出调整面

移动切片平面到底座的上方平面位置，单击"切片"按钮，这样就在模型上切出了一条线段。(注意：当"切片平面"按钮没有被按下时，"切片"按钮是灰色的不被激活的，只有当"切片平面"按钮按下时，"切片"按钮才会变成黑色可单击状态。)

删除底部的面，继续加线后选择要挤出的面进行倒角挤出调整，如图 6-42 所示。

单击"切片平面"按钮，将切片平面移动旋转至如图 6-43 所示的位置，单击"切片"按钮进行切线操作。使用同样的方法，切出其他线段，如图 6-44 所示中的 4 条线段。

step 03 选择如图 6-45 所示中的面并向外挤出。然后将图 6-46 所示中的面也做挤出调整。

调整底部形状并移除多余线段，使用"切片平面"工具分别在模型边缘位置切线，然后通过点的焊接、加线等操作调整模型布线。细分后的效果如图 6-47 和图 6-48 所示。

step 04 创建一个长方体模型并转换为可编辑多边形物体，加线后进入"点"级别，将边缘的点焊接起来(制作出刀刃效果)，如图 6-49 所示。然后再次创建一个长方体对其多边形形状调整出刀柄模型，效果如图 6-50 所示。

step 05 将刀模型移动到刀架的槽内后再复制出另一个并调整其大小，然后再导入一个刀的模型调整好位置。按 M 键打开材质编辑器，在左侧材质类型中单击标准材质并拖曳到右侧材质视图区域。选择场景中所有物体，单击 按钮将标准材质赋予所选择物体，效果如图 6-51 所示。

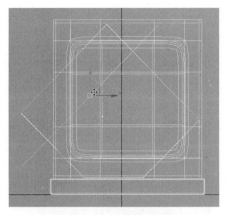

图 6-43　切片平面的调整

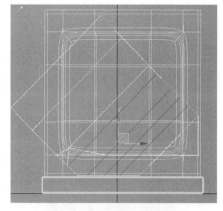

图 6-44　切片出 4 条线段

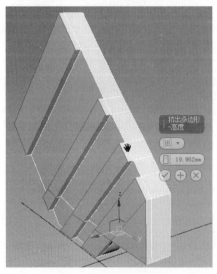

图 6-45　面的挤出效果

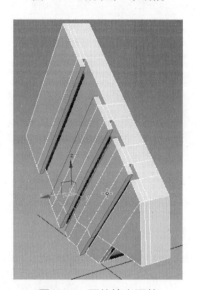

图 6-46　面的挤出调整

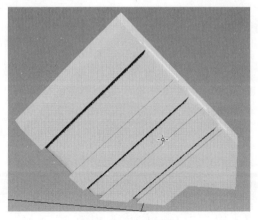

图 6-47　细分效果

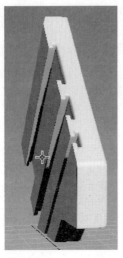

图 6-48　细分效果

图 6-49　刀模型

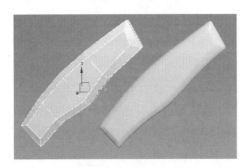

图 6-50　刀柄模型

图 6-51　最终效果

　　本实例中重点掌握多边形建模下"切片平面"工具的使用，该工具对一些特定的模型加线是一个快捷的方法。

实例 04 制作菜板

　　菜板是垫放在桌上以便切菜时防止破坏桌子的木板。以前菜板以木块为主，但因容易耗损，近来大多以塑料为材料浇铸。同时还有竹板等材质的菜板。

 设计思路

　　菜板的设计相对来说更加简单明了，多以长方形和圆形为主。本实例中的菜板在圆形的基础上适当做一些修改，制作一个椭圆形的菜板，然后边缘可以制作防水槽等。

效果剖析

　　本实例菜板的制作流程如下。

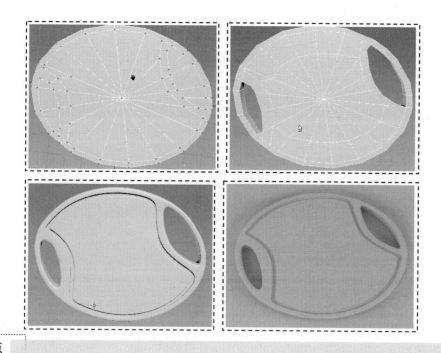

技术要点

本实例主要用到的建模方法是多边形建模方法，唯一要注意的还是棱角的控制。

制作步骤

step 01　在视图中创建一个圆柱体，设置边数为 18，端面分段数为 2，右击，在弹出的快捷菜单中选择"转换为"｜"转换为可编辑多边形"命令，将模型转换为可编辑的多边形物体，使用缩放工具沿 Y 轴适当缩放。然后选择表面内环线段，使用缩放工具沿 XY 轴等比例向外缩放调整，如图 6-52 所示。

step 02　右击，在弹出的快捷菜单中选择"剪切"命令，然后在模型表面手动切线，如图 6-53 所示。

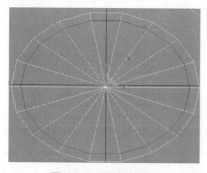

图 6-52　圆柱体调整

图 6-53　手动切线

加线调整模型布线，尽量保证模型面数为四边面。删除底部一半模型，然后在修改器下拉列表中添加"对称"修改器，将上半部分调整好的模型对称过来，如图 6-54 所示。删除两侧上下对应的面，如图 6-55 所示。

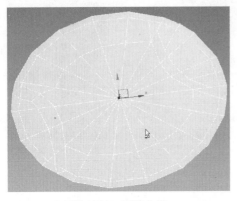

图 6-54　调整布线

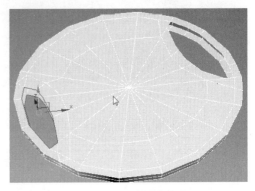

图 6-55　删除对应的面

选择开口处的边界线段，单击"桥"按钮，此时中间会自动生成面，如图 6-56 所示。

step 03　继续调整模型布线，然后选择如图 6-57 所示中的面并向内挤出，如图 6-58 所示。选择如图 6-59 所示中的面并向下倒角挤出，效果如图 6-60 所示。

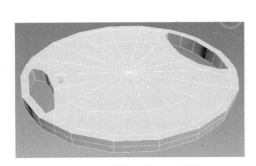

图 6-56　桥接出中间面效果

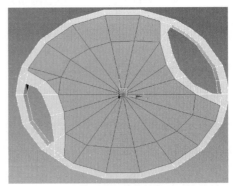

图 6-57　选择面

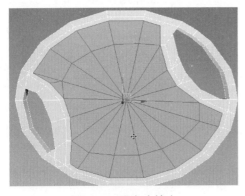

图 6-58　面向内挤出

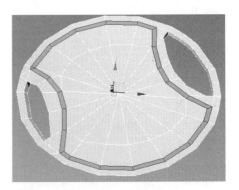

图 6-59　选择面

step 04　分别在模型的边缘位置加线，然后将内部拐角位置的线段做切角处理。整体观察模型比例，不满意的地方可以重新调整大小比例，最终的效果如图 6-61 所示。

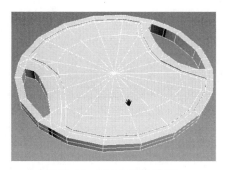

图 6-60　面向下倒角挤出

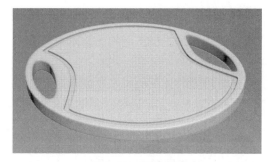

图 6-61　最终效果

实例 05 制作碗碟柜

碗碟柜是指专门盛放锅碗瓢勺的柜子，但主要以放置碗为主。目前市场上的碗碟柜多以红木、橡木、胡桃木为主，它们做工精细，讲究中正、大气、平衡，沉稳高贵，产品风格简约时尚与尊贵奢华并举。

 设计思路

本实例碗碟柜结合中式和现代风格，分为上、中、下三层，上层为主占据一半空间，主要可以放置一些碗碟等；中层设计为抽屉；下层设计为柜子。

效果剖析

本实例碗碟柜的制作流程如下。

技术要点

本实例碗碟框的制作用到的技术要点如下。

● 倒角剖面快速制作模型。

● 多边形物体下的常用参数命令。

制作步骤

制作时同样遵循从下到上的原则，先制作下面两层，然后再制作上面一层。

step 01 在视图中创建一个长、宽、高为 1400、300、600 的长方体模型，右击，在弹出的快捷菜单中选择"转换为" | "转换为可编辑多边形"命令，将模型转换为可编辑的多边形物体，加线调整至如图 6-62 所示。

选择上、中、下三层面，使用"挤出"工具向外挤出面，如图 6-63 所示。

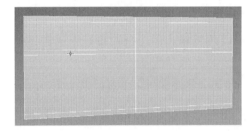

图 6-62 加线调整

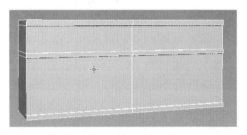

图 6-63 选择面并挤出

将对称中心处的线段做切角处理，同样选择中心处的面向外挤出调整(注意，此处最好和图 6-63 所示中挤出的面一同挤出，如果没有一同挤出调整也不用担心，可以按 Alt+X 快捷键将物体透明化显示，选择相邻的面删除，如图 6-64 所示，然后使用"目标焊接"工具将点焊接在一起即可)。

step 02 创建长方体模型并转换为多边形物体后，选择面，使用"倒角"工具向内倒角挤出。然后选择四角的线段，使用"切角"工具进行切角处理，如图 6-65 所示。

图 6-64 选择面删除

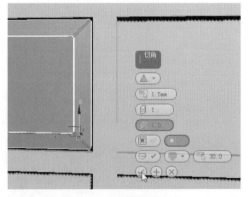

图 6-65 线段切角处理

细分后效果不是很好，单击"切片平面"按钮，调整切片位置分别在模型的边缘进行切线。进入"点"级别，将多余的点焊接起来，如图 6-66 所示。使用同样的方法，将其他 3 个角的点也进行焊接调整。

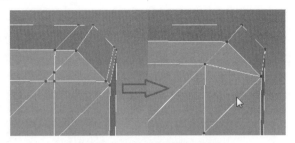

图 6-66　切片后进行点的焊接

按 Ctrl+Q 快捷键细分光滑显示该模型效果，如图 6-67 所示。

图 6-67　细分效果

step 03　选择底部柜体模型，细分后效果如图 6-68 所示。

该模型在细分后完全变形，不是所希望的效果。处理的方法还是通过加线约束光滑效果，分别在上、下、左、右的边缘位置加线，细分效果如图 6-69 所示。

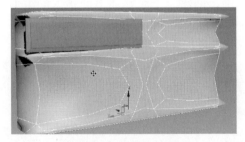

图 6-68　柜体细分效果

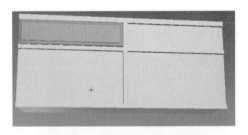

图 6-69　加线调整后细分效果

选择抽屉模型，复制调整出柜门，并将柜门的面再次做倒角处理，效果如图 6-70 所示。

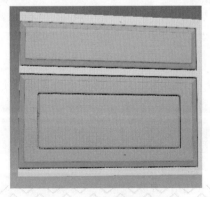

图 6-70　柜门调整细分效果

在柜体上加线后挤出调整腿部模型，如图 6-71 所示。

step 04 创建一个圆柱体并调整出拉手模型效果如图 6-72 所示。复制出剩余的拉手模型。

选择柜体两侧的面，单击"倒角"按钮，对选择的面向内倒角，加线和切线调整后细分效果如图 6-73 所示。

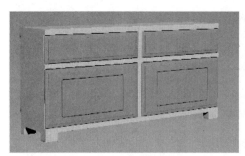

图 6-71　腿部模型调整　　　图 6-72　拉手模型　　图 6-73　两侧面的倒角处理

step 05 单击"创建"|"图形"|"矩形"按钮，创建一个比框体上面稍大的矩形和如图 6-74 所示的样条线。选择矩形，在修改器下拉列表中添加"倒角剖面"修改器，单击"拾取剖面"按钮，然后拾取刚刚创建的样条线，拾取剖面后的模型效果如图 6-75 所示。

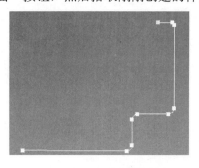

图 6-74　创建样条线　　　　　图 6-75　倒角剖面效果

step 06 在柜体上方位置创建一个长方体模型，设置长、宽、高为 825、1410、300，右击，在弹出的快捷菜单中选择"转换为"|"转换为可编辑多边形"命令，将模型转换为可编辑的多边形物体。选择顶部面挤出调整为如图 6-76 所示的形状。在中心位置加线，然后将中心处的面向外挤出，如图 6-77 所示。

step 07 移动复制抽屉模型调整大小，加线后删除中心的面，如图 6-78 所示。然后在柜子的两侧位置加线后删除中心的面，如图 6-79 所示。

分别选择边界线段，按住 Shift 键向内挤出面调整，并在拐角处加线约束，细分效果如图 6-80 所示。

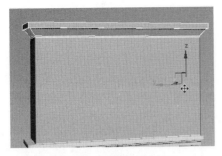

图 6-76　面的挤出调整

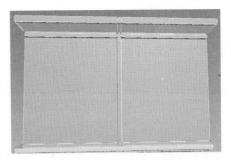

图 6-77　中心面的挤出调整

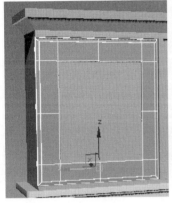

图 6-78　加线删除中心面效果

图 6-79　加线删除中心面效果

图 6-80　加线细分效果

step 08 创建出柜子内的挡板物体和柜门以及两侧位置的玻璃模型(创建的方法很简单,就是通过创建切角长方体或者长方体来代替即可)。按 F10 键打开渲染设置对话框,设置渲染器为 VRay 渲染器后,按 M 键打开材质编辑器,找到 VRayMtl 材质拖曳到材质视图区域,在 Diffuse map 上双击(其他命令面板双击也可以),在右侧的参数区域中设置 Reflect(反射)和 Refract(折射)的颜色为接近于白色的灰色,单击 按钮将调整的材质赋予玻璃模型,然后选择其他模型赋予一个标准材质,最终效果如图 6-81 所示。

图 6-81　最终效果

本实例重点掌握"切片平面"工具的使用、VRay 玻璃材质的设置、"倒角剖面"修改器的使用。再次强调的是把握好模型之间的比例和尺寸。

实例 06 制作储物架

储物架具有方便、循环利用、时尚等特点。多用于厨房、洗手间、浴室等。是一种普遍的家庭存放架。

 设计思路

储物架轻巧方便,安装拆卸简单,使用简便。对于物品的整理归纳有很好的作用,而且不占空间,设计合理,符合立体构造学。所以,在设计时要遵循简洁的原则。本实例中的储物架形状设置为椭圆形,内部用玻璃隔断隔开。

效果剖析

本实例储物架的制作流程如下。

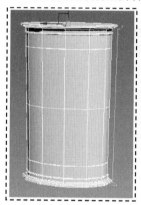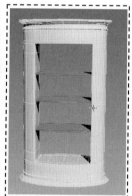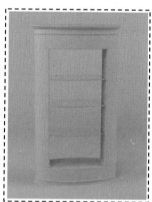

技术要点

本实例食储物架用到的技术要点如下。

- "倒角剖面"修改器的使用方法。
- 模型剖面曲线的创建。
- 多维材质的简单设置。

制作步骤

step 01 在视图中分别创建如图 6-82 所示的椭圆线和样条曲线。选择椭圆线,在修改器下拉列表中添加"倒角剖面"修改器,单击"拾取剖面"按钮拾取创建的样条线,效果如图 6-83 所示。

step 02 进入 Ellipse 级别,设置"插值"卷展栏下的步数值为 2,这样可以降低模型倒角剖面后的面数。右击,在弹出的快捷菜单中选择"转换为"|"转换为可编辑多边形"命令,将模型转换为可编辑的多边形物体,手动调整布线如图 6-84 所示。选择部分面后按

Delete 键删除，效果如图 6-85 所示。

图 6-82　创建椭圆线和样条线

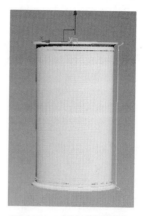

图 6-83　倒角剖面效果

图 6-84　调整布线

图 6-85　删除部分面

step 03　按 2 键进入"线段"级别，分别选择开口处前后对应的线段，单击"桥"按钮后连接出面。然后按 3 键进入"边界"级别，选择上下两个边界线段，单击"封口"按钮将开口封闭起来。按 1 键进入"点"级别，选择前后向对应的点按 Ctrl+Shift+E 快捷键加线调整布线，如图 6-86 所示。

step 04　创建一个圆柱体模型，然后使用缩放工具沿 X 轴方向拉长，移动复制到储物柜的内部作为层板模型，效果如图 6-87 所示。

在柜体的拐角及边界位置加线，这里要特别说明一下。如图 6-88 所示的位置添加了分段，在细分后会出现如图 6-89 所示线框内的边缘不圆滑的效果。

为了避免这种现象出现，在加线时可采取的方法有两种。第一，避免在此位置加线；第二，可以将该部位的点调整得尽可能圆滑一些。

step 05　选择如图 6-90 所示的面，在"多边形：材质 ID"卷展栏中"设置 ID"后面的输入框中输入 1，按 Enter 键即可为选择的面设置 ID。然后选择不同的面分别设置不同的 ID，如图 6-91～图 6-95 所示。

图 6-86　调整布线

图 6-87　层板模型创建

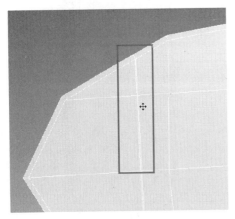

图 6-88　加线

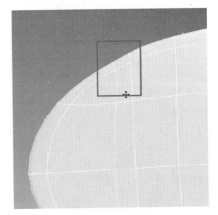

图 6-89　细分效果

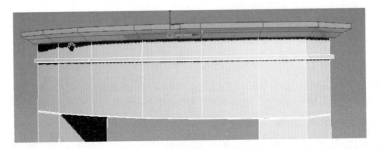

图 6-90　选择面设置 ID 为 1

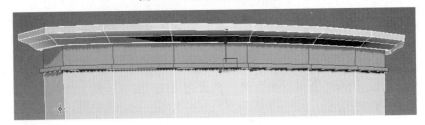

图 6-91　选择面设置 ID 为 2

图 6-92　选择面设置 ID 为 3

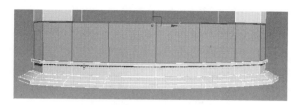

图 6-93　选择面设置 ID 为 3

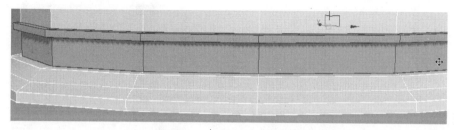

图 6-94　选择面设置 ID 为 2

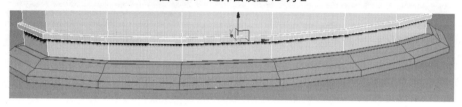

图 6-95　选择面设置 ID 为 1

　　按 M 键打开材质编辑器，选择"多维/子对象"并拖曳到视图 1 区域内，在材质上双击进入参数面板，默认为 10 个材质，因为模型中只制定了 3 个不同的材质 ID，所以这里可以通过单击"删除"按钮删除多余的材质，只保留 3 个材质即可。材质面板如图 6-96 所示。

　　单击 ID1 后面的"无"按钮，在弹出的"材质/贴图"浏览器中选择一个标准材质，然后将设置好的 ID1 材质拖曳到 ID2 和 ID3 上释放，在弹出的"实例(副本)材质"对话框中选择复制，如图 6-97 所示。

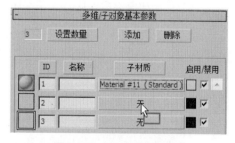

图 6-96　"多维/子对象基本参数"卷展栏　　　　　图 6-97　材质的拖曳复制

　　此时视图中的材质通道效果如图 6-98 所示。

　　分别进入不同的材质通道，调整不同的漫反射的颜色，单击　按钮赋予储物架模型，此时模型显示效果如图 6-99 所示。这就是同一个物体赋予不同材质的方法。

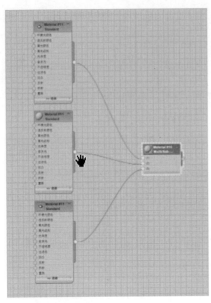

图 6-98　材质通道

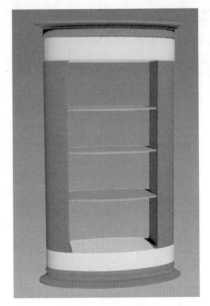

图 6-99　模型效果

　　通过本实例的制作，简单学习了"多维/子材质"的使用方法和同一个物体赋予不同材质的方法。本实例中只是简单调整了不同的颜色，当然也可以通过不同的材质调整出更加复杂的效果。

第**7**章

卫生间家具设计

　　卫生间是人们洗去一身疲惫和方便的地方，因此需要准备各种各样的卫生间用品。卫生间用品品类繁多，也比较杂乱，如果都挤在一个不大的空间里，非常容易显得杂乱不堪。事实上，有一些可利用空间是我们在装修之初就忽略了，所以导致瓶瓶罐罐不得不堆在表面。卫生间用品最好放在一个干燥、防尘、整洁的地方，最好用盒子或者箱子装好。

　　在设计卫生间家具时，必须要选择环保、防水材料，以适应卫生间的潮湿环境。五金配件应是经过防潮处理的不锈钢或专用铝制品，防止生锈，保障耐用。浴柜宜选择挂墙式或柜腿较高的，可有效隔离地面潮气。

实例 01 制作洗手台

本实例制作一个人造石洗手台。人造石是一种新型的复合材料，在制造过程中配以不同的色料可制成具有色彩艳丽、光泽如玉酷似天然大理石的制品。因其具有无毒性、无放射性、阻燃性、不粘油、不渗污、抗菌防霉、耐磨、耐冲击、易保养、拼接无缝、任意造型等优点，正逐步成为装修建材市场上的新宠。

 设计思路

洗手台设计没必要太复杂，本实例中的洗手台简洁大方，主要就一个台面和侧板，侧板上有两个孔位可以放置一些毛巾。台面上方为洗手盆。墙体上可以安装一面大镜子，供人们使用。

效果剖析

本实例洗手台的制作流程如下。

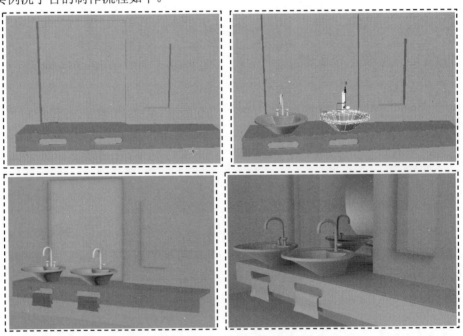

技术要点

本实例洗手台在制作时使用到的技术要点如下。

● 几何球体的创建修改。
● 洗手盆模型的多边形快速制作方法。
● 布料系统的使用。

制作步骤

在制作时先制作墙体和台面，然后制作洗手池和水龙头等模型。

step 01　创建一个长方体，在转换为多边形物体之后，调整左侧的点使其变窄一些(这样做是为了空间的需求)，删除正面和右侧的面，然后在模型上加线至如图 7-1 所示。

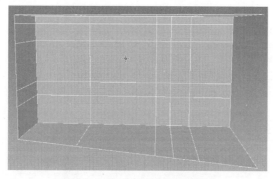

图 7-1　墙体模型的加线调整

选择墙体上的面，单击"挤出"按钮并修改参数后，将选择的面向内挤出如图 7-2 和图 7-3 所示。

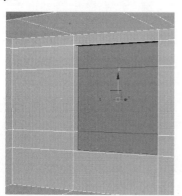 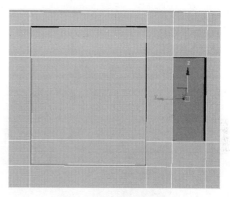

图 7-2　面的挤出效果 1　　　　　　图 7-3　面的挤出效果 2

step 02　单击 (创建) | (图形) | "线"按钮，在视图中创建如图 7-4 所示的样条线。在修改器下拉列表中添加"挤出"修改器，将二维曲线生成三维模型，效果如图 7-5 所示。

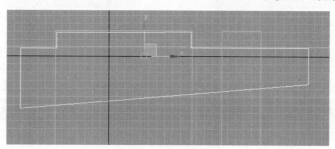

图 7-4　创建样条线

图7-5 添加"挤出"修改器

step 03 右击，在弹出的快捷菜单中选择"剪切"命令，对当前的模型切线调整模型布线，然后在拐角及边缘位置加线，在台面的底部位置创建长方体并转换为可编辑多边形物体，分别在模型上加线，然后选择图7-6中的面进行删除。

按 3 键进入"边界"级别，选择前后开口边界线，单击"桥"按钮自动生成面。分别在直角边缘及开口边缘的位置加线，按 Ctrl+Q 快捷键细分光滑显示该模型效果如图7-7所示。

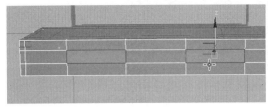

图7-6 删除选择面

图7-7 加线细分后效果

step 04 在台面上方创建一个圆柱体模型，设置边数为 10，然后转换为可编辑多边形物体，删除顶部面。选择顶部边界线，使用缩放工具将其进行修改，然后按住 Shift 键配合移动、缩放工具挤出面调整，过程如图7-8～图7-11所示。

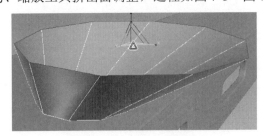

图7-8 洗手池修改过程1

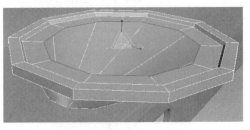

图7-9 洗手池修改过程2

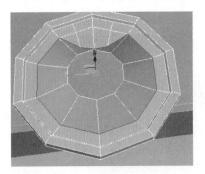

图7-10 洗手池修改过程3

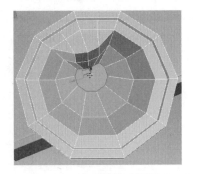

图7-11 洗手池修改过程4

依次单击石墨建模工具下的"建模"|"循环"|"循环"工具按钮，在弹出的"循环工

具"对话框中单击"呈圆形"按钮，将选择的边界线段迅速调整为圆，如图 7-12 所示。

适当旋转调整开口线段，然后向下挤出面调整出下水口处模型，如图 7-13 所示。

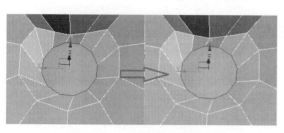

图 7-12　开口边界圆形调节

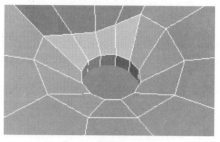

图 7-13　旋转挤出调整效果

将如图 7-14 中的线段切角处理，然后在模型的拐角位置切线、加线处理，细分效果如图 7-15 所示。

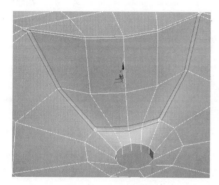

图 7-14　线段切角

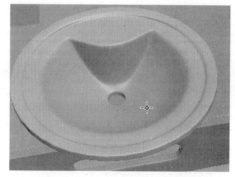

图 7-15　加线切角细分效果

step 05　在下水口位置创建一个圆柱体并转换为可编辑的多边形物体，通过边界线段的挤出缩放等操作制作出如图 7-16 所示的形状。

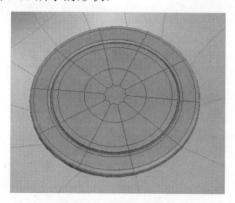

图 7-16　模型细分效果

step 06　创建一个圆柱体，删除顶部面。选择顶部边界线，按住 Shift 键挤出面调整至如图 7-17 所示。同样的方法制作出两侧的开关模型，如图 7-18 所示。

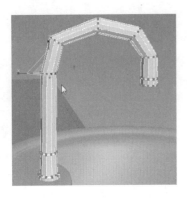

图 7-17　水龙头模型调整

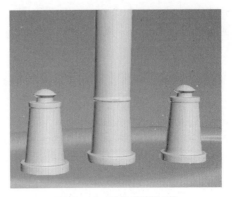

图 7-18　开关模型创建

　　在"创建"命令面板的"标准基本"体下单击"几何球体"按钮，在视图中创建一个几何球体，设置分段数为 3，如图 7-19 所示。右击，在弹出的快捷菜单中选择"转换为" |"转换为可编辑多边形"命令，将模型转换为可编辑的多边形物体。删除上方 1/3 的面，然后选择边界线，使用缩放工具沿 Z 轴多次缩放使其在一个平面内，如图 7-20 所示。将底部部分面也删除调整，如图 7-21 所示。分别选择上下的边界线，按住 Shift 键向内缩放挤出面，然后单击"封口"按钮将开口封闭起来，如图 7-22 所示。

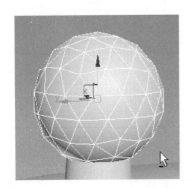

图 7-19　创建几何球体

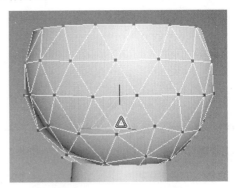

图 7-20　删除上方部分面

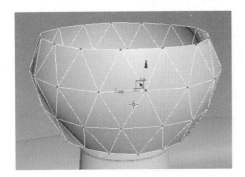

图 7-21　删除部分面

图 7-22　封口调整

　　选择如图 7-23 所示中的线段，单击"切角"按钮将线段适当切角，如图 7-24 所示。按Ctrl+Q 快捷键细分光滑显示该模型效果，如图 7-25 所示。

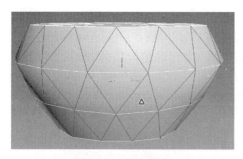

图 7-23　选择线段

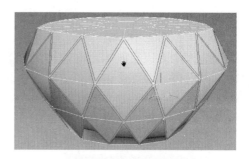

图 7-24　线段切角处理

将制作好的水龙头开关模型复制到右侧，然后选择所有洗手池和水龙头、开关模型向右复制调整，效果如图 7-26 所示。

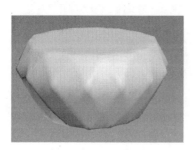

图 7-25　细分效果

图 7-26　洗手池模型复制

step 07　创建一个面片物体并将分段数适当调高，移动到洗手池开口的上方位置。在修改器下拉列表中添加 Cloth 修改器，在"对象"卷展栏中单击"对象属性"按钮，在弹出的"对象属性"对话框中单击"添加对象"按钮，将洗手池侧边物体模型添加到列表框中，选中"布料"单选按钮后，在"预设"下拉列表中选择一种棉布。接着选择洗手池模型，选中"冲突对象"单选按钮，单击"确定"按钮。到"对象"卷展栏中单击"模拟局部"按钮，开始布料系统的模拟运算，当运算到一定程度后再次单击"模拟局部"按钮停止运算。运算效果如图 7-27 所示。

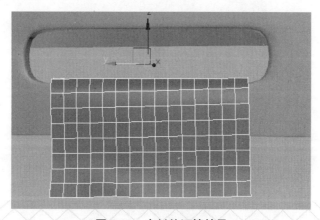

图 7-27　布料的运算效果

依次单击石墨建模工具下的"自由形式"|"绘制变形"|"偏移"按钮，调整布料形状后，在修改器下拉列表中添加"壳"修改器，调整厚度后将模型再次塌陷为可编辑的多边形物体。选择边缘的面进行删除，再次添加"壳"修改器，设置好参数后的效果如图 7-28 所示。再次将模型塌陷为可编辑的多边形物体，在"软选择"卷展栏中勾选"使用软选择"复选框，选择部分点进行形状的移动调整。调整后细分效果如图 7-29 所示。

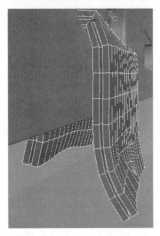

图 7-28　添加"壳"修改器

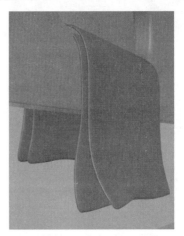

图 7-29　调整细分效果

step 08 创建一个面片物体，移动到墙体内镜子的位置。按 F10 键打开渲染器设置面板，在"指定渲染器"卷展栏中单击"产品级"后面的 按钮，在弹出的"选择渲染器"对话框中选择 VRay 渲染器。按 M 键打开材质编辑器，选择 VRayMtl 并拖曳到右侧的"视图 1"空白区域，在材质上双击展开右侧的参数设置面板，单击 Reflect(反射)后面的颜色框，在弹出的颜色选择器中选择白色，单击 按钮将设置好的材质赋予选择模型。这样就简单设置了镜子的材质效果。最后再添加一些其他小物件用来衬托当前场景，最终的效果如图 7-30 所示。

图 7-30　最终效果

本实例模型制作起来虽然简单，但是如果配合后期的灯光及材质，也能制作出比较漂亮的效果。本书主要以模型为主，所以灯光材质的部分在这里不再详细讲解。

实例 02 制作储物柜

对于卫生间空间，可以充分被利用的，比如在卫生间里安装储物柜等。将一些杂乱的物品可以收集好放置在储物柜内，显得既美观又整齐。

 设计思路

设计的原则就是为了空间的利用，但是卫生间的储物空间又不同于客厅、餐厅、厨房等，卫生间经常在一个潮湿的环境，所以也就决定了储物架的位置不能贴附于地面。本实例中就把储物柜设计在墙上用来储存卫生间中所需的物品。

效果剖析

本实例储物柜的制作流程如下。

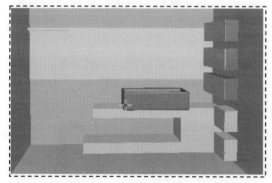 

技术要点

本实例中模型较为简单，用到的知识点如下。

● 物体的创建参数控制。
● 多边形建模的常用命令。
● 物体的导入。
● 模型之间的布尔运算。

制作步骤

step 01 先创建一个长方体并删除正面的面来模拟一个房间效果。在墙面上创建一个长方体用来代替镜子模型，然后将该物体旋转 90°复制调整大小。在顶视图中创建圆柱体并复制调整好距离后移动嵌入到长方体内部，如图 7-31 所示。

进入"创建"命令面板下的"复合对象"面板中，单击 ProBoolean 按钮后，在"拾取布尔对象"卷展栏中单击"开始拾取"按钮，拾取圆柱体完成长方体与圆柱体的布尔运算，运算出来的圆孔位置可以用来放置筒灯模型。

step 02 创建一个长方体并转换为可编辑的多边形物体，加线后删除部分面。然后选择前后对应的线段，单击"桥"按钮桥接出中间的面，调整后效果如图 7-32 所示。

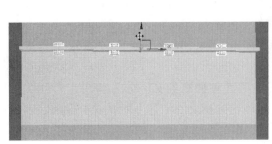

图 7-31　创建长方体和圆柱体模型

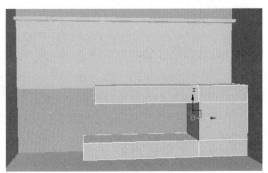

图 7-32　长方体模型的多边形修改

step 03 在右侧墙面位置创建一个长方体，右击，在弹出的快捷菜单中选择"转换为" | "转换为可编辑多边形"命令，将模型转换为可编辑的多边形物体。选择正面的面，使用"倒角"工具向内挤出面调整，然后创建出中间的挡板物体(以长方体模型代替即可)，如图 7-33 所示。

选择柜子正面四边面，使用"倒角"工具向外挤出调整。然后创建一个长方体，制作出柜体的柜门效果。复制出其他的储物柜模型(注意在复制时可以调整柜子的大小)，如图 7-34 所示。

图 7-33　创建储物柜模型

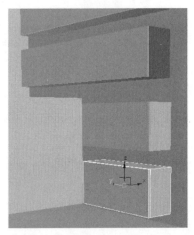

图 7-34　储物柜的复制调整

step 04 创建一个长方体并转换为可编辑多边形物体，通过加线和"倒角"、"切角"、"快速切片"等工具制作出一个简单的洗手池模型，细分效果如图 7-35 所示。

step 05 单击软件左上角的 Max 图标，选择"导入"|"合并"命令，选择杂物模型和浴盆模型，将其导入到当前场景中，移动旋转调整它们的位置，效果如图 7-36 所示。

图 7-35　洗手池模型效果

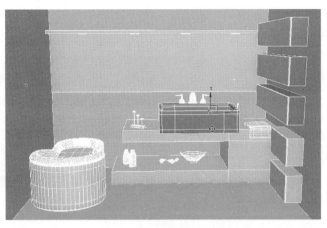

图 7-36　物体的导入效果

　　按 M 键打开材质编辑器，在左侧材质类型中单击标准材质并拖曳到右侧材质视图区域，选择场景中所有物体，单击 按钮将标准材质赋予所选择物体，最后在场景中添加一些灯光效果后，渲染效果如图 7-37 所示。

图 7-37　最终效果

　　小结：在设计制作模型时并不是一味地要求复杂，简单的模型配合其他物体，后期再加上灯光渲染，同样可以制作出非常漂亮、美观的效果图。

实例 03 制作浴盆

　　浴盆是卫生间的主要设备，其形式、大小有很多类别，归纳起来可分为深方形、浅长形和折中形 3 种。人入浴时需要水没肩，这样才可温暖全身；因此，浴盆应保证有一定的水容量，短则深些，长则浅些，一般满水容量在 230～320L 左右。浴盆过小，人在其中蜷缩着不舒服，过大则有漂浮不稳定感。深方形浴盆占地面积小，有利于节省空间；浅长形浴盆人能

够躺平，可使身体充分放松；折中形则取两者之长，既能使人把腿伸直成半躺姿势，又能节省一定的空间。

 设计思路

　　浴盆的存在对浴室空间、自身安装、周围环境要求都很高，这注定在浴室生活中它暂时是属于部分人群的。但其自身的舒适品质、特有姿态以及可传承性是人们无法抵御的魅力，选择它不是单把它看作简单的洗浴工具，而是选择了一种洗浴文化。它的存在不只是为人们提供洗浴的空间，而是随着时间的流逝更具魅力。

　　因为浴盆比较占用空间，设计时浴盆要考虑充分利用房子空间，所以本实例中的浴盆设计在房子的其中一角紧贴墙壁，外围是一个 1/4 圆，材质主要以陶瓷为主。

效果剖析

　　本实例浴盆的制作流程如下。

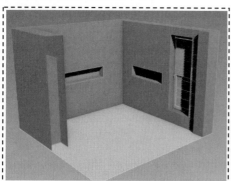
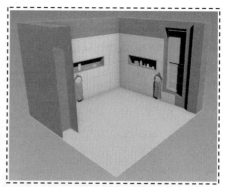

技术要点

　　浴盆的制作并不复杂，可以直接由多边形物体修改而成，所以本实例中的重点还是多边形建模下的常用命令。

制作步骤

step 01　在制作浴盆之前先制作墙体模型和门窗模型，如图 7-38 所示。

step 02　制作出一些小的装饰品和毛巾模型，这些模型不是本实例中的重点，所以不再详细介绍，当然也可以借助一些素材导入进来。制作好的效果如图 7-39 和图 7-40 所示。

图 7-38　墙体及门窗制作

图 7-39　瓷砖模型制作

step 03　在视图中创建一个圆柱体，勾选"启用切片"复选框，设置切片起始位置为 0，结束位置为 275，只保留圆柱的 1/4，设置半径值为 1600，边数为 6。右击，在弹出的快捷菜单中选择"转换为"｜"转换为可编辑多边形"命令，将模型转换为可编辑的多边形物体，加线后将上边缘的面向外倒角挤出如图 7-41 所示。

图 7-40　洗浴用品制作

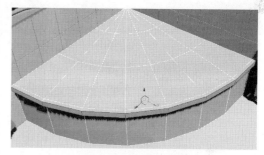

图 7-41　面的倒角挤出

右击选择"剪切"命令，在顶部面上切线，然后选择部分面删除效果如图 7-42 所示。

按 3 键进入"边界"级别，选择边界线段，按住 Shift 键向下移动挤出面调整，然后用"桥"、"补洞"工具将直角处的面创建出来，如图 7-43 所示。

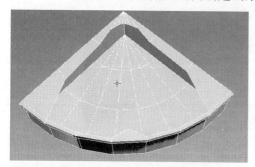

图 7-42　切线后选择面删除

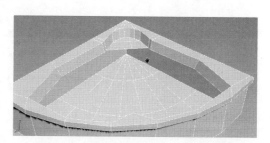

图 7-43　面的挤出及桥接、补洞后效果

调整侧边的布线效果后继续选择边界线向下挤出调整，如图 7-44 所示。

step 04　在内外边缘位置加线，需要特别注意的是将图 7-45 所示中的线段切角处理。

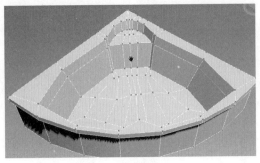

图 7-44　调整布线效果

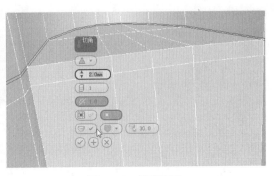

图 7-45　线段切角

step 05 按 Ctrl+Q 快捷键细分光滑显示该模型效果，如图 7-46 所示。然后，在图 7-47 所示中的位置加线调整布线。

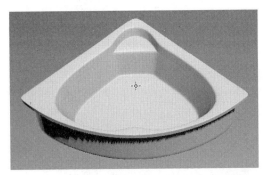

图 7-46　细分效果

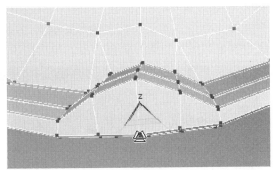

图 7-47　加线调整布线效果

step 06 创建出水龙头模型和香皂模型，最终的效果如图 7-48 所示。

图 7-48　最终效果

本实例中的浴盆模型主要在于设计，制作时非常简单，同时还要注意其他小物件模型的衬托。

实例 制作浴巾架

浴巾架是由两个支座承托一根或多根横杆而组成，某些可折叠，一般装在卫生间墙壁上，用于放置衣物、毛巾等。目前市场上比较常见的浴巾架为不锈钢浴巾架和铝合金浴巾架。

设计思路

浴巾架的长度一般分为 50～80 不等，可以根据空间需求选购。设计也比较简单，首先是两个支座承托，然后是连接在承托上的铝合金或者不锈钢弯管，在两个弯管之间连接上放置和挂毛巾的直管即可。

效果剖析

本实例浴巾架的制作流程如下。

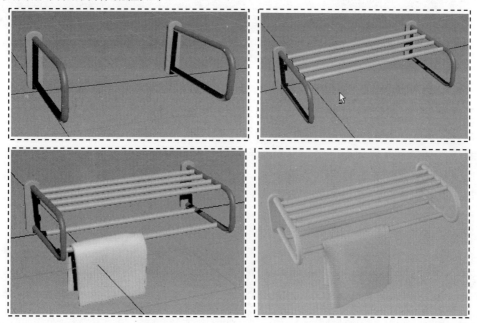

技术要点

本实例浴巾架在制作时使用到的技术要点如下。

● 样条线直接转化为管状体的方法。

● 布料系统支座毛巾。

制作步骤

step 01 在视图中创建一个长、宽、高分别为 130mm、10mm、40mm 的长方体物体，右

击，在弹出的快捷菜单中选择"转换为"|"转换为可编辑多边形"命令，将模型转换为可编辑的多边形物体，分别在长度、宽度、高度上加线处理，按 Ctrl+Q 快捷键细分光滑显示该模型效果，如图 7-49 所示。将该物体向右复制一个。单击 (创建)| (图形)|"矩形"按钮，在视图中创建一个矩形，调整角半径值为 38 左右，右击，在弹出的快捷菜单中选择"转换为"|"转换为可编辑样条线"命令，将矩形转换为可编辑的样条线，按 2 键进入"线段"级别，选择左侧的边按 Delete 键删除，如图 7-50 所示。

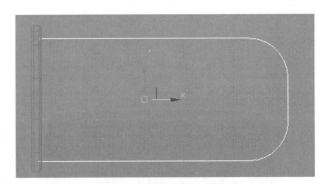

图 7-49　创建长方体调整效果　　　　　　　图 7-50　创建编辑样条线效果

在"修改"命令面板的"渲染"卷展栏中勾选"在渲染中启用"和"在视口中启用"复选框，设置厚度值为 15mm，这样就把样条线直接显示为三维模型效果了。但是它实质上还是样条线，只是显示上进行了变化。将该样条线复制调整到右侧，如图 7-51 所示。

step 02　在两弯管之间创建一个圆柱体，设置半径值为 8mm 左右，然后按住 Shift 键关联复制几个调整它们的位置和长度，如图 7-52 所示。

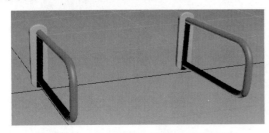

图 7-51　样条线的三维模型显示效果　　　　图 7-52　长方体物体的创建与复制

step 03　在顶视图中创建一个面片物体，该面片物体分段数不能太少，因为后面要进行布料系统的计算，如果分段数太少会直接影响到计算的效果。在修改器下拉列表中添加 Cloth 修改器，单击"对象属性"按钮，在弹出的"对象属性"对话框中设置面片物体为布料物体，并在预设值中选择 Cotton(棉布)，单击"添加对象"按钮，在列表框中将底部挂杆模型添加进来并设置为冲突对象。单击"模拟局部"按钮进行模拟计算。如需停止计算可再次按"模拟局部"按钮即可。运算满意之后将该模型再次塌陷为可编辑的多边形物体，进入

"点"级别，勾选"使用软选择"复选框，选择点进行布料的调整，如图 7-53 所示。

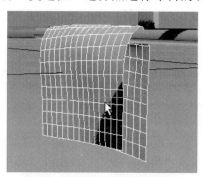

图 7-53　布料的调整效果

step 04　在修改器下拉列表中添加"壳"修改器，挤出厚度值后，再添加"编辑多边形"修改器，选择底部和一侧的边缘面删除，再次添加 "壳"修改器，设置挤出厚度值，再次添加"编辑多边形"修改器，进入"点"级别，调整物体形状。最后在修改器下拉列表中添加"网格平滑"修改器，对模型细分调整。修改器添加列表如图 7-54 所示。最终的模型效果如图 7-55 所示。

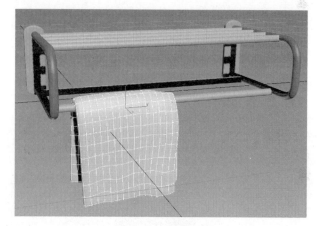

图 7-54　修改器列表

图 7-55　最终效果

本实例中浴巾架上的不锈钢管除了利用样条线调整出三维模型外，也可以用放样工具制作三维模型，但在此处感觉多此一举，所以在制作模型时要寻找最简单、最快捷的方法。

实例 05 制作垃圾桶

垃圾桶是一种专门盛放垃圾、废弃物的容器。也有不少称作"垃圾箱"。垃圾桶在卫生间中也是一种比较常见的小型家具，主要盛放用过的手纸等。

 设计思路

因为卫生间比较潮湿，所以本实例中设计的垃圾桶为一个全封闭式的不锈钢材质的垃圾

桶，主要以圆柱形为主，底部有一个用于开启顶盖的脚踏开关。

效果剖析

本实例垃圾桶的制作流程如下。

技术要点

本实例垃圾桶在制作时使用到的技术要点如下。

● 物体之间的超级布尔运算。

● 不锈钢材质的简单设置。

制作步骤

step 01 在视图中创建一个圆柱体，设置半径值为 200、高度为 600mm，并将该圆柱体转换为可编辑的多边形物体，在高度上加线，然后选择面，使用"倒角"工具向内挤出调整，如图 7-56 所示。

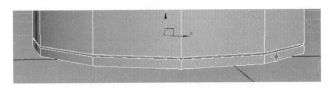

图 7-56　加线后面的倒角挤出效果

同样的方法将顶部的面向内倒角挤出，如图 7-57 所示。

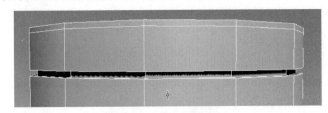

图 7-57　面的倒角效果

step 02 在底部位置创建一个长方体模型并转换为可编辑多边形物体，加线修改至如图 7-58 所示形状。

图 7-58　创建修改底部物体

step 03　进入"创建"命令面板下的"扩展基本体"面板中，创建一个胶囊物体，移动嵌入到垃圾桶的内部，如图 7-59 所示。在"复合对象"面板中单击 ProBoolean 按钮，选择垃圾桶模型，单击"开始拾取"按钮拾取胶囊物体完成布尔运算，效果如图 7-60 所示。

图 7-59　创建胶囊物体

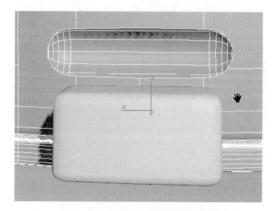

图 7-60　物体的布尔运算效果

通过布尔运算之后的模型可以发现布线发生了很大的变化，如果想对模型再次修改调整需要从新调整布线，否则在模型细分之后会发生很严重的变形效果。所以这里不推荐该方法。按 Ctrl+Z 快捷键撤销，在底部位置继续加线后，选择面删除，调整洞口形状如图 7-61 所示。选择开口的边界线段，按住 Shift 键向内移动挤出面调整，效果如图 7-62 所示。

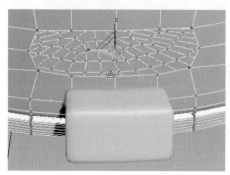

图 7-61　选择面删除

图 7-62　边界线段向内挤出调整效果

step 04　继续创建一个长方体，将模型修改调整至如图 7-63 所示形状。在该物体的表面上创建一个切角的圆柱体，复制调整出其他模型效果如图 7-64 所示。

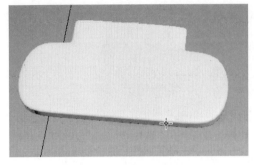

图 7-63 长方体的调整效果

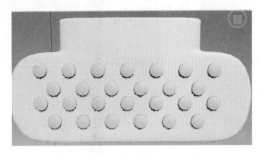

图 7-64 创建复制圆柱体模型

step 05 将该部分模型旋转调整到合适位置，然后在顶部侧边位置创建一个长方体模型，在转换为可编辑的多边形物体后修改调整形状至如图 7-65 所示。

　　按 F10 键打开渲染器设置面板，在"指定渲染器"卷展栏中单击"产品级"后面的…按钮，在弹出的"选择渲染器"对话框中选择 VRay 渲染器。按 M 键打开材质编辑器，选择 VRayMtl 并拖曳到右侧的"视图 1"空白区域，在材质上双击展开右侧的参数设置面板，单击 Reflect(反射)后面的颜色框，在弹出的颜色选择器中选择灰色。同样的方法将 Diffuse(表面色)设置为深灰色，取消选中 Fresnel reflections(菲尼尔反射)，单击 按钮将设置好的材质赋予选择模型。最终效果如图 7-66 所示。

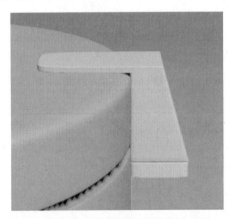

图 7-65 长方体模型的创建修改效果

图 7-66 最终效果

　　小结：这里再次说明一下布尔运算工具，除非模型为最终效果不需要调整的情况下再使用布尔运算。否则能对模型编辑调整出形状的前提下还是尽量少使用布尔运算。因为一旦布尔运算值后，模型布线会发生很大的变化，再重新调整布线的情况下非常浪费时间。

第 **8** 章

办公家具设计

办公家具是为日常生活工作和社会活动中的办公者或工作方便而配备的家具。办公家具种类繁多，样式多变。本章中以大班台、办公椅、办公桌、会议桌、电脑桌、档案柜、办公沙发和档案杂志架为例来逐一讲解办公家具的设计与制作方法。

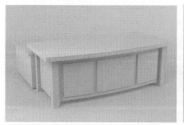

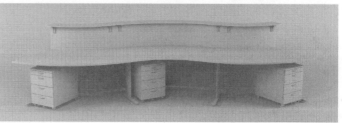

实例 01 制作大班台

大班台属于办公家具中常见的大尺寸的办公桌，也叫老板台，其使用群体一般为单位领导级别的人物。大班台是指采用大尺寸材料制作而成的办公桌家具。一般来说，长度达到1800mm 才可以算是大班台。广泛用于公司和其他组织机构的高级管理层的办公室。

 设计思路

大班台首先就是尺寸非常大，所以需要占用的办公室空间也非常大，只有高级管理层才有这个机会使用。大班台还具有高档次的特点，造价昂贵，彰显的是办公家具使用者的社会地位和生活品质。大班台广泛采用实木或者原木材质来制作，所以办公大班台具有纯天然的健康、环保、无害的特点，同时板式的大班台也具有板式办公家具的优点。

效果剖析

本实例大班台的制作流程如下。

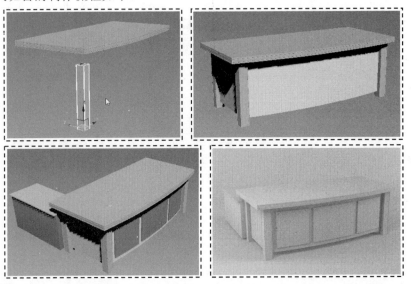

技术要点

本实例大班台的制作主要用到的技术要点如下。

- 样条线之间的布尔运算。
- "挤出"修改器的使用方法。
- "弯曲"修改器的使用方法。

制作步骤

step 01 单击 (创建) | (图形) | "矩形" 按钮，在视图中创建一个矩形，右击，在弹

出的快捷菜单中选择"转换为"｜"转换为可编辑样条线"命令，将矩形转换为可编辑的样条线。按 2 键进入"线段"级别，选择底部的线段，将"拆分"按钮后面的数值设置为 1，单击"拆分"按钮将选择的线段平均拆分为 2 段。调整点的手柄来控制样条线形状，调整后样条线如图 8-1 所示。

step 02　在视图中创建如图 8-2 所示的矩形样条线和圆。这里重点讲解一下样条线之间布尔运算的注意事项。首先样条线之间布尔运算必须是一个整体，如果是独立的样条线失误进行布尔运算的，所以进行布尔运算之前要用"附加"工具将其附加在一起。其实布尔运算中的样条线必须是封闭的空间，图 8-2 中左侧图形为一个半封闭的矩形和两个圆形，单击"布尔"按钮时，该按钮没有发生变化，鼠标放在要布尔运算的样条线上时也没有任何变化。图 8-2 中右侧的图形为一个矩形和两个圆形，将它们附加在一起后，按 3 键进入"样条线"级别，选择矩形后单击"布尔"按钮，此时该按钮的显示效果为激活状态(变成了黄色显示)，当鼠标放置在圆形上时鼠标图标会发生变化，拾取圆形即可完成布尔运算。如图 8-3 所示。按 1 键进入"点"级别，选择顶部的点，单击"圆角"按钮将直角点处理为圆角，删除左侧的线段如图 8-4 所示。

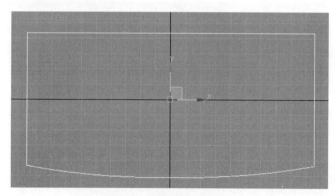

图 8-1　样条线创建修改

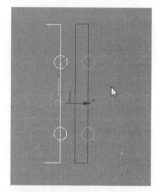

图 8-2　样条线和圆的创建

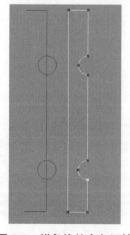

图 8-3　样条线的布尔运算

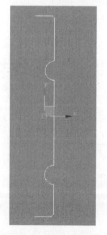

图 8-4　样条线编辑

选择图 8-1 中的样条线，在修改器下拉列表中添加"倒角剖面"修改器，单击"拾取剖

面"按钮拾取图 8-4 中的样条线,倒角剖面效果如图 8-5 所示。

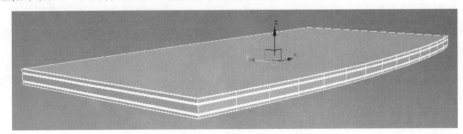

图 8-5 桌面的制作效果

step 03 在顶视图中创建一个矩形和圆形,并将圆形复制 3 个调整到矩形的 4 个角的位置,如图 8-6 所示。然后使用布尔运算进行"交集"运算,结果如图 8-7 所示。

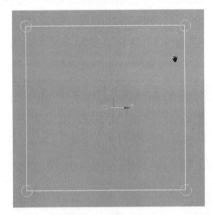

图 8-6 样条线创建

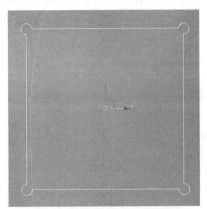

图 8-7 交集布尔运算结果

在修改器下拉列表中添加"挤出"修改器,设置挤出高度为 720mm,然后复制调整出其余 3 个桌腿模型效果,如图 8-8 所示。

step 04 在两侧桌腿之间创建长方体作为固定板模型,然后复制调整到正面,将分段数调高,在修改器下拉列表中添加"弯曲"修改器,调整弯曲角度值,弯曲后效果如图 8-9 所示。

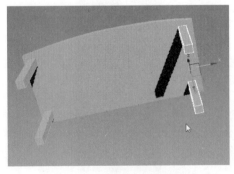

图 8-8 桌腿模型挤出复制效果

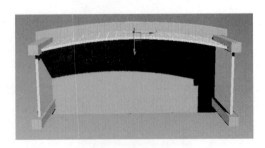

图 8-9 弯曲后效果

在正面创建 3 个长方体模型,同样添加"弯曲"修改器后调整位置如图 8-10 所示。

step 05 创建一个矩形框,右击,在弹出的快捷菜单中选择"转换为"|"转换为可编

辑样条线"命令，将矩形框转换为可编辑的样条线，将顶部的直角使用"圆角"工具处理为圆角后添加"挤出"修改器。然后创建切角长方体模型并复制调整大小和位置，如图 8-11 所示。

图 8-10　长方体模型创建修改

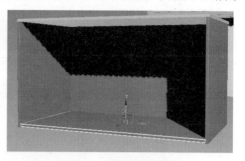

图 8-11　创建文件柜模型

创建一个如图 8-12 所示的样条线。选择所有点，单击"圆角"按钮在点上按住鼠标左键并拖拉处理为圆角点，如图 8-13 所示。同样的方法创建如图 8-14 所示中形状的样条线。

图 8-12　创建样条线

图 8-13　圆角处理

图 8-14　创建样条线

依次将修改的样条线添加"挤出"修改器后并复制调整出柜门模型，效果如图 8-15 所示。

图 8-15　样条线的挤出复制调整效果

step 06　在底部位置创建两个切角长方体作为底座模型，总体移动柜体位置，按 M 键打

开材质编辑器，在左侧材质类型中单击标准材质并拖曳到右侧材质视图区域，选择场景中所有物体，单击 按钮将标准材质赋予所选择物体，效果如图 8-16 所示。

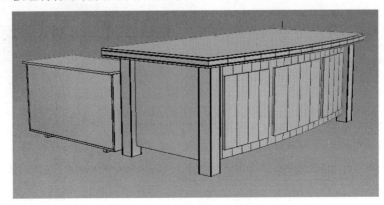

图 8-16　最终效果

实例 02 制作办公椅

老板椅即通常是老板办公时使用的椅子，也有部分家庭追求舒适度，放在书房办公使用。通常老板椅是电脑椅的一种。目前市场上最常见的、也是最常用的就是皮质老板椅。多数老板椅都是采用 PU 皮、真皮制作而成，也有很小量的老板椅采用牛皮等原料制作而成。另外一种是采用网布为面料，所以透气性比较好，一般是在夏天时的选择。

 设计思路

老板椅强调的就是坐着舒服，强调腰部和头部的缓解能力。因为老板椅是一种形象和身份的象征，所以老板椅的设计要点也在于表现皮质的效果。

效果剖析

本实例老板椅的制作流程如下。

技术要点

本实例中模型比较复杂，制作起来需要下一定的功夫，用到的知识点如下。
● 多边形编辑下皮质纹理的表现。

- 模型的导入/导出方法。
- Max 和 ZBrush 软件的互动编辑。
- ZBrush 中皮质纹理的简单雕刻方法。

制作步骤

本实例中的模型在制作时先制作坐垫，然后制作靠背和扶手，最后制作底座。皮质的凹痕褶皱效果可以最后在 ZBrush 中完成。

step 01　在视图中创建一个长方体，右击，在弹出的快捷菜单中选择"转换为"｜"转换为可编辑多边形"命令，将模型转换为可编辑的多边形物体。按 2 键进入"线段"级别，选择线段，按 Ctrl+Shift+E 快捷键可以快速加线。注意，在调整时可以删除一半模型。如图 8-17 所示。

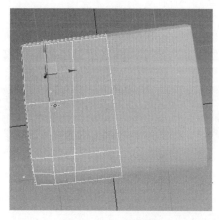

图 8-17　加线调整

选择图 8-18 所示中的线段，单击"挤出"按钮调整参数将线段向下挤出，如图 8-19 所示。

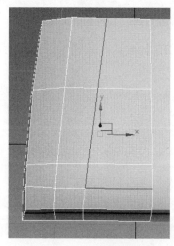

图 8-18　选择线段

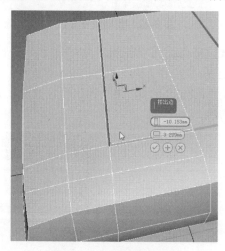

图 8-19　线段的挤出调整

然后将凹槽内的线段做切角处理，在挤出和切角处理后，拐角位置的点如图 8-20 所示。此处使用点的"目标焊接"工具或者"焊接"工具将两点焊接在一起即可，如图 8-21 所示。

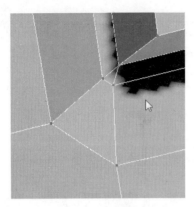

图 8-20　拐角位置点的分布

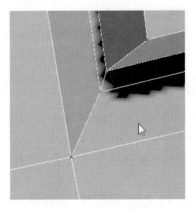

图 8-21　点的焊接处理

step 02　继续加线调整模型形状以及表面的凹凸变化。需要表现褶皱的地方可以使用"剪切"工具在模型的表面进行切线处理，(哪里需要褶皱效果就在哪里切线)切线后适当调整模型布线，如图 8-22 所示。然后分别选择线段向下挤出凹槽，效果如图 8-23 所示。

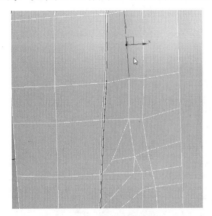

图 8-22　剪切调整布线

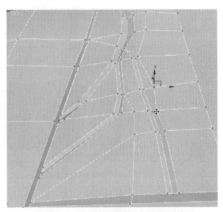

图 8-23　线段的挤出调整效果

　　线段挤出后可以使用"绘制变形"卷展栏中的"松弛"工具，在模型表面进行点的松弛雕刻处理。

　　使用同样的方法，继续调整褶皱效果，如图 8-24 所示。注意，在调整的过程中要随时调整模型布线。

图 8-24　褶皱效果处理

选择图 8-25 所示中的线段，使用"切角"工具将线段切角，如图 8-26 所示。

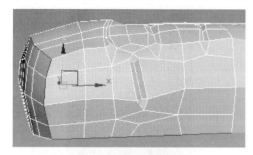

图 8-25　选择样条线

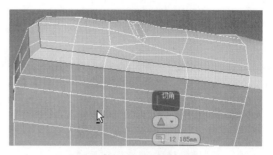

图 8-26　线段切角处理

选择切角出的所有面，如图 8-27 所示。使用"倒角"工具将选择的面先向内挤出再向外挤出，效果如图 8-28 所示。

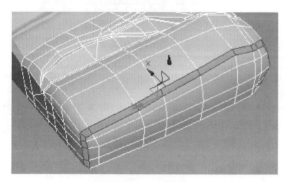

图 8-27　选择面

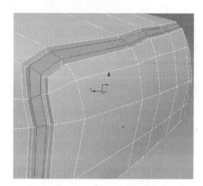

图 8-28　面的倒角处理

将调整好的一半模型删除，然后添加"对称"修改器对称出另外一半模型，细分后效果如图 8-29 所示。

step 03 在背部位置创建一个长方体并转换为可编辑的多边形物体，加线调整大致形状如图 8-30 所示。

图 8-29　细分效果

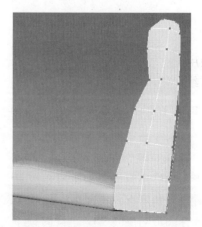

图 8-30　调整后的靠背模型大致形状

在对称中心位置加线后删除另外一半模型，单击■按钮关联复制出另外一半模型。继续

加线调整后选择图 8-31 中的面进行倒角操作，倒角后效果如图 8-32 所示。

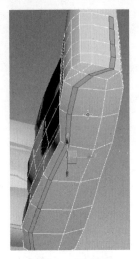

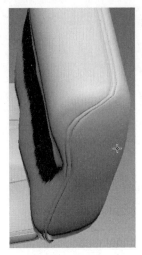

图 8-31　选择面　　　　　　　　　　　　　图 8-32　面的倒角细分效果

 注意

倒角后对称中心位置细分会出现图 8-33 所示中的效果。显然这种效果不是我们所需要的，该怎样处理呢？将对称中心位置的面删除，如图 8-34 所示，然后将线段移动调整到中心位置即可。

继续加线后选择线段向下挤出制作出凹陷效果，添加"对称"修改器对称出另外一半模型，效果如图 8-35 所示。

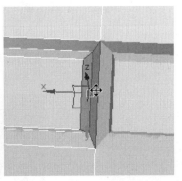

图 8-33　对称中心位置细分效果　　　图 8-34　删除对称中心处的面　　　图 8-35　靠背模型凹痕的制作效果

step 04 在椅子侧边位置创建一个如图 8-36 所示的样条线，然后创建一个圆角化的矩形。在"复合对象"面板中单击"放样"按钮，选择样条线，单击"获取图形"按钮拾取圆角的矩形，放样后模型效果如图 8-37 所示。

此时模型角度有一定问题，展开 Loft 级别，选择"图形"选项进入"图形"子级别，在视图中选择图形后旋转 90°，此时模型角度得到的调整如图 8-38 所示。

在放样的"参数"卷展栏中调整"图形步数"和"路径步数"值为 1(这样可以大大减少模型面数)，将该物体塌陷为可编辑的多边形物体，适当加线调整模型形状，然后镜像复制出另外一侧模型，如图 8-39 所示。

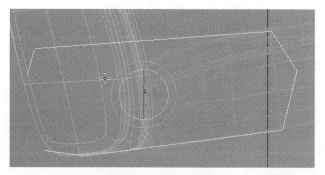

图 8-36　创建样条线

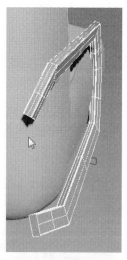

图 8-37　放样后效果

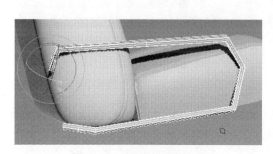

图 8-38　角度的调整效果

图 8-39　扶手模型的编辑复制

step 05　在扶手位置创建一个长方体并转换为可编辑的多边形物体，加线调整出扶手处的软包模型形状。调整过程如图 8-40～图 8-42 所示。

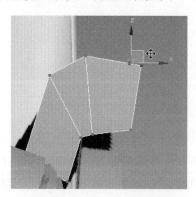

图 8-40　多边形编辑调整

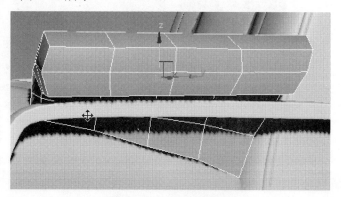

图 8-41　多边形编辑调整

选择边缘位置的线段，使用"切角"工具将线段切角处理，如图 8-43 所示。然后选择边缘的面，使用"倒角"工具将面倒角，如图 8-44 所示。

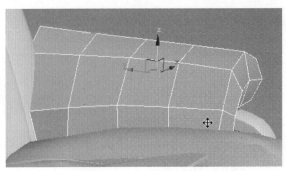

图 8-42　多边形编辑调整

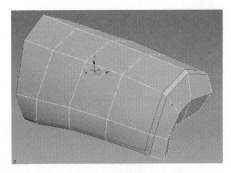

图 8-43　边缘线段的切角处理

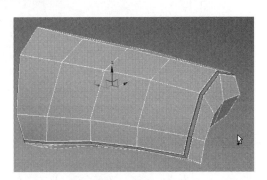

图 8-44　面的倒角效果

step 06　将该模型镜像复制出另一侧模型，然后在椅子的侧面位置创建长方体并进行多边形的编辑调整，调整至如图 8-45 所示形状。

选择边缘的线段做切角处理，然后选择切角出的面做倒角处理，然后在底部边缘等位置加线，调整后的模型效果如图 8-46 所示。调整后将该模型镜像复制调整到另一侧。

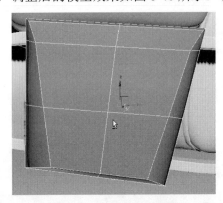

图 8-45　侧面物体的调整

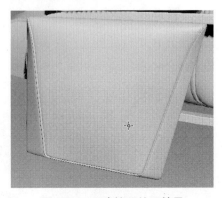

图 8-46　凹痕纹理处理效果

step 07　单击 (创建) | (几何体) | "管状体"按钮，在视图中创建一个管状体，设置管状体的边数为 8，右击，在弹出的快捷菜单中选择"转换为" | "转换为可编辑多边形"命令，将模型转换为可编辑的多边形物体。在"面"级别下选择左右相对应的内部面，单击"桥"按钮使其中间自动桥接出面，然后加线调整成一个拱形形状，如图 8-47 所示。

分别在该物体每条边上以及高度位置加线。创建一个圆柱体并转换为可编辑的多边形物体。删除顶部面，选择顶部边界，按住 Shift 键配合缩放工具和移动工具挤出面调整，如图 8-48 所示。

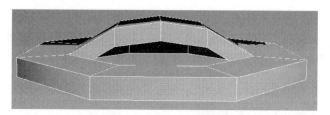

图 8-47　桥接面并加线调整形状

创建一个面片物体并转换为多边形物体，调整形状至如图 8-49 所示。

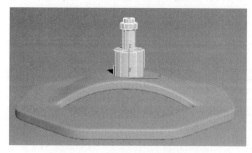

图 8-48　创建圆柱体修改形状

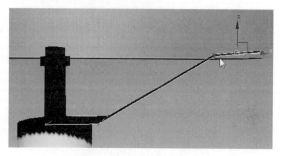

图 8-49　面片物体的修改

加线后选择右侧中心的点，使用"切角"工具将点切成一个矩形，然后选择内部面删除，如图 8-50 所示。

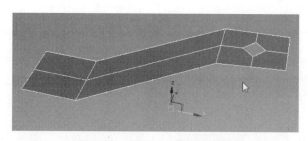

图 8-50　加线、点的切角调整

单击 按钮进入"层级"命令面板，单击"仅影响轴"按钮移动该物体的坐标轴心到物体的左侧位置，再次单击"仅影响轴"按钮退出轴心的调整。按 A 键打开角度捕捉，按住 Shift 键每隔 120°旋转复制两个，单击"附加"按钮拾取复制的两个模型将其附加在一起，然后使用点的"焊接"工具将相邻的点之间焊接，如图 8-51 所示。

在修改器下拉列表中添加"壳"修改器给当前片面物体添加厚度修改，移动调整到底座中心位置，然后创建倒角圆柱体移动复制调整到托架物体的开口位置。然后再创建一个面片物体并对其进行多边形的编辑调整，调整出气压控制杆模型，最后整体效果如图 8-52 所示。

step 08　为了后期在 ZBrush 中进行雕刻，在 3ds Max 中尽可能地把各个部分物体焊接在一起，比如扶手物体焊接为一个整体，底座物体焊接为一个整体，靠背和坐垫为单独独立物体，这样调整的目的是为了在 ZBrush 中进行分组便于雕刻。选择座椅模型，单击软件左上角

的 Max 图标，选择"导出"|"导出"命令，选定对象，选择要保存的位置，然后设置保存类型为 OBJ 格式，单击"保存"按钮，在 OBJ 导出选项中选择面的类型为多边形，预设值可以选择 ZBrush，单击"导出"按钮即可。

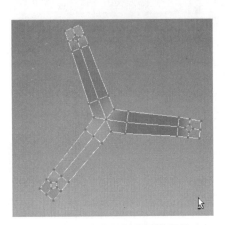

图 8-51 旋转复制并焊接调整

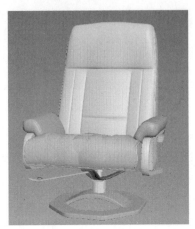

图 8-52 整体效果

打开 ZBrush 软件，(ZBrush 不是本书的重点，这里只简单地介绍一下雕刻处理方法)在右侧 Tool(工具)面板下单击 Import(导入)按钮，选择在 3ds Max 软件中导出的模型文件，然后在视图区域单击鼠标左键拖拉出模型后，单击工具栏中的 (编辑)按钮进入编辑模式。在右侧 SubTool 卷展栏下多次单击 Divide(细分)按钮将模型细分 4～5 级，模型细分越高雕刻效果越精细，但是模型的面数也会成倍增加。调整笔刷大小，按 X 键开启 X 轴对称，按住 Alt 键在模型表面向下雕刻(正常情况下是向上凸起雕刻，按住 Alt 键为向下凹陷雕刻)。选择 Stroke | LazyMouse 命令，开启笔刷拖尾跟随功能，在靠背上雕刻出如图 8-53 所示形状。

选择 Clay 笔刷，在靠背模型上方位置雕刻，雕刻大致效果如图 8-54 所示。

图 8-53 两侧凹陷纹理的雕刻

图 8-54 靠背模型的雕刻

 注意

在雕刻时要及时调整笔刷的雕刻强度以及大小值。

按住 Shift 键在表面进行光滑雕刻处理，效果如图 8-55 所示。

雕刻完成后适当降低模型细分级别，单击 Export 按钮将模型导出，返回到 3ds Max 软件中将雕刻好的模型导入进来，最终的调节效果如图 8-56 所示。

图 8-55　表面的光滑处理

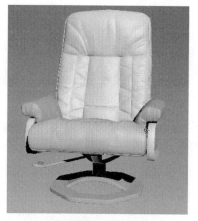

图 8-56　最终效果

实例 03 制作办公桌

　　办公桌是指日常生活工作和社会活动中为工作方便而配备的桌子。本实例制作的办公桌是一个办公电脑桌，和单人电脑桌有所区别。本实例中的办公电脑桌可以同时供 3 个人办公使用。

 设计思路

　　根据公司办公设计需求，注重了集流线和实用于一体，既美观又大方。

效果剖析

　　本实例办公桌的制作流程如下。

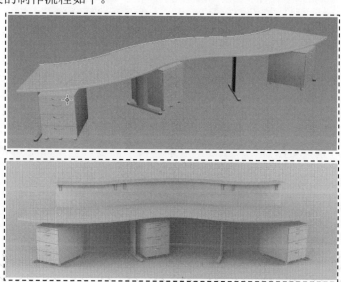

技术要点

本实例办公桌制作中主要用到的技术要点如下。

● 样条线之间的布尔运算。

● 样条线的形状创建及命令修改。

● 剖面曲线挤出模型后边缘光滑的处理方法。

制作步骤

step 01 在视图中创建一个如图 8-57 所示的样条线。注意，图中的样条线 1 是在样条线 2 的基础上复制删除线段得到的。

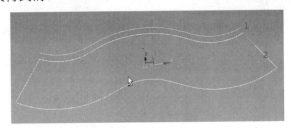

图 8-57　创建样条线

再创建一个长、宽均为 30mm 的矩形，适当调整角半径值为 3mm 左右，右击，在弹出的快捷菜单中选择"转换为"｜"转换为可编辑样条线"命令，将矩形转换为可编辑的样条线，删除左侧线段。选择图 8-57 中的 2 样条线，在修改器下拉列表中添加"倒角剖面"修改器，单击"拾取剖面"按钮，拾取编辑修改的矩形完成倒角剖面修改，效果如图 8-58 所示。

图 8-58　倒角剖面效果

step 02 创建如图 8-59 所示中的样条线，单击 按钮镜像复制一条，然后单击"附加"按钮完成两条样条线的附加后，将对称中心处的点焊接在一起，在修改器下拉列表中添加"倒角"修改器，分别设置级别 1、2、3 的轮廓和挤出高度，效果如图 8-60 所示。

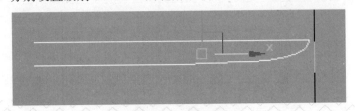

图 8-59　创建样条线

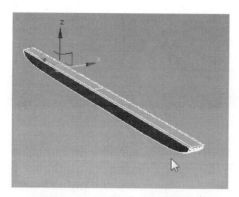

图 8-60　"倒角"修改器效果

　　创建一个矩形并转换为可编辑的样条曲线，选择两边的线段后单击"拆分"按钮将线段拆分为两段，调整各个点的手柄至如图 8-61 所示的形状。然后在修改器下拉列表中添加"挤出"修改器，设置挤出高度值为 680mm。

　　继续创建一个矩形，然后在顶部和底部位置创建两个圆，将它们附加在一起之后，进行差集的布尔运算，运算结果如图 8-62 所示。给当前的样条线添加"挤出"修改器后塌陷为可编辑的多边形物体，选择顶部和底部所有线段，单击"切角"按钮后面的 ▫ 图标，在弹出的"切角"快捷参数面板中设置切角的值(注意，此处为了得到边的圆滑效果，可以先切出一定的角度后单击"+"号再增加一次切角值，第二次的切角值切记比第一次要小，尽可能地将切角值均匀分布)，如图 8-63 所示。

图 8-61　创建样条线

图 8-62　样条线的布尔运算结果

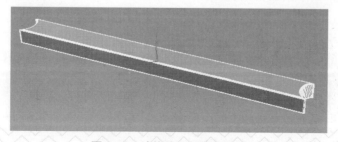

图 8-63　边缘线段的切角设置

step 03 在视图中创建一个圆和倒角的矩形，如图 8-64 所示。选择矩形，切换到旋转工具，拾取大圆的坐标轴心，每隔20°旋转复制17个矩形，如图8-65所示。

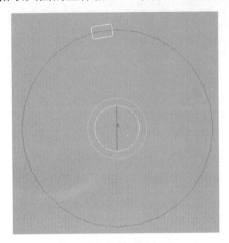

图 8-64　创建圆和矩形

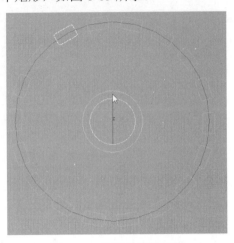

图 8-65　矩形的旋转复制

依次将所有矩形和圆附加在一起，按 3 键进入"样条线"级别，选择中间的大圆，单击布尔运算完成和所有矩形的并集运算。运算效果如图 8-66 所示。在修改器下拉列表页中添加"挤出"修改器，设置挤出高度值，在该模型的顶、底端创建一个切角的圆柱体模型，复制调整到另外一侧，效果如图 8-67 所示。

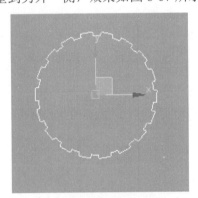

图 8-66　布尔运算效果

图 8-67　物体的创建复制效果

将支撑板模型的分段数调高，然后在左视图中创建并复制圆柱体，如图 8-68 所示。在"复合对象"面板中单击 ProBoolean 按钮，然后单击"开始拾取"按钮依次拾取圆柱体完成模型之间的布尔运算。使用同样的方法，在该模型的上方位置创建一个长方体完成布尔运算效果，如图 8-69 所示。

step 04 创建出可移动的柜子模型，如图 8-70 所示。这里柜子的模型非常简单，就是由一些倒角的盒子物体拼接起来即可。底部的滑轮模型在前面的章节中也已经介绍了制作方法，这里不再详细介绍。

复制腿部和柜子模型并调整位置效果如图 8-71 所示。

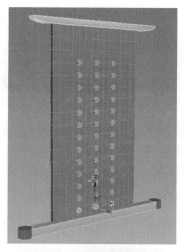

图 8-68　创建复制圆柱体

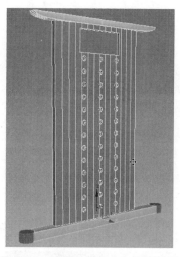

图 8-69　模型之间的布尔运算效果

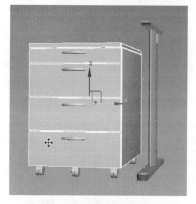

图 8-70　柜子的创建

图 8-71　腿部和柜子模型的复制调整

step 05　选择图 8-57 中的"1"样条线，按 3 键进入样条线级别，然后单击"轮廓"按钮将样条线向外挤出轮廓，如图 8-72 所示。

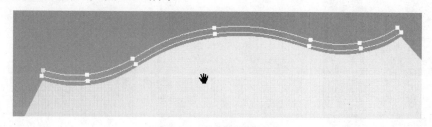

图 8-72　样条线轮廓修改

在修改器下拉列表中添加"挤出"修改器，设置挤出高度为 1200mm，将该模型转换为可编辑多边形物体后，选择顶部两角的线段，单击"切角"按钮将线段多次切角处理为圆角，如图 8-73 和图 8-74 所示。

创建一个圆柱体并修改至如图 8-75 所示。制作出隔板的底座模型，然后复制调整出其他底座模型。

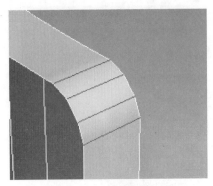

图 8-73　线段切角处理

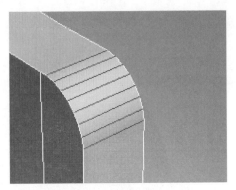

图 8-74　线段切角处理

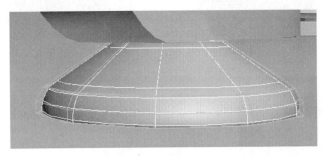

图 8-75　底座模型的创建

step 06　创建一个切角长方体和如图 8-76 所示形状物体，该物体可以在创建样条线后通过直接添加"挤出"修改器得到。使用同样的方法，在顶视图中创建图 8-77 所示样条线并挤出模型，然后分别在该物体的上下部创建切角圆柱体并适当修改，效果如图 8-78 所示。

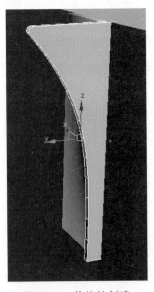

图 8-76　物体的创建

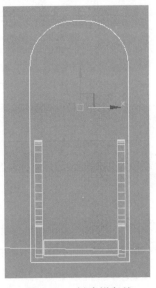

图 8-77　创建样条线

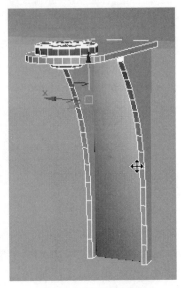

图 8-78　物体创建效果

选择该部位所有物体选择"组"|"组"(命令)，将选择的模型设置为一个组便于整体选择，然后复制调整出剩余的支架模型。

创建如图 8-79 所示的样条线，并使用"圆角"工具将 4 个拐角处理为圆角，然后创建一个圆角的矩形线并删除左侧线段后，添加"倒角剖面"修改器拾取修改的圆角矩形线完成三维模型转换，如图 8-80 所示。

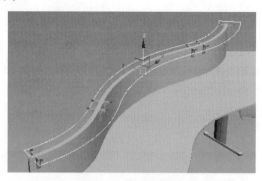

图 8-79 创建样条线

图 8-80 倒角剖面效果

按 F10 键打开渲染器设置面板，在"指定渲染器"卷展栏中单击"产品级"后面的 按钮，在弹出的"选择渲染器"对话框中选择 VRay 渲染器。按 M 键打开材质编辑器，选择 VRayMtl 并拖曳到右侧的"视图 1"空白区域，在材质上双击展开右侧的参数设置面板，单击 Refract(折射)后面的颜色框，在弹出的颜色选择器中选择白色，单击 按钮将设置好的材质赋予选择模型。这样就简单地设置了玻璃透明材质效果。按 Ctrl+I 快捷键反选模型，赋予默认的材质，最终的效果如图 8-81 所示。

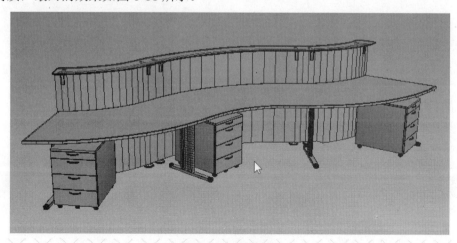

图 8-81 最终效果

实例 04 制作会议桌

会议桌是常见的现代办公用品。它分为小型会议桌和大型会议桌，样式也可以简单分为矩形样式、椭圆形样式、马肚形样式、圆形样式以及其他类型样式。常见的尺寸为：小型会议桌 1800×900×750mm、2400×1200×750mm，中型会议桌 2800×1400×750mm、3200×1500×750mm，大型会议桌 3600×1600×750mm、4200×1700×750mm、4600×1800×750mm。

 设计思路

本实例中制作一个小型会议桌，每边坐 3 个人，桌子以矩形为主并带有轻微的弯度曲线。底部以钢架结构为主。

效果剖析

本实例会议桌的制作流程如下。

技术要点

本实例制作的会议桌主要用到的技术要点如下。

● 多边形物体之间的连接建模处理方法。
● 椅子底部的五星支架的建模技巧。

制作步骤

step 01 在视图中创建一个长为 3000、宽为 1350 的矩形线，右击，在弹出的快捷菜单中选择"转换为" | "转换为可编辑样条线"命令，将矩形转换为可编辑的样条线。选择长边上的两条线段，单击"拆分"按钮将线段平均拆分为两段，将 4 个角处理为圆角后调整点的

手柄控制形状效果如图 8-82 所示。

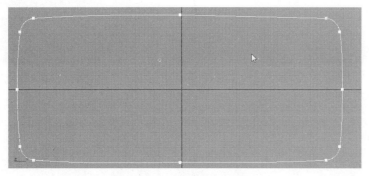

图 8-82　创建修改样条线

step 02　创建一个圆角的矩形并删除左侧线段后，使用"倒角剖面"的方法制作出桌面模型。创建一个圆柱体并转换为可编辑多边形物体，通过面的挤出操作挤出所需形状。然后在顶部创建一个长方体模型并转换为多边形物体，删除右侧面，选择边界线配合 Shift 键移动挤出面并调整大小和位置至如图 8-83 所示形状。

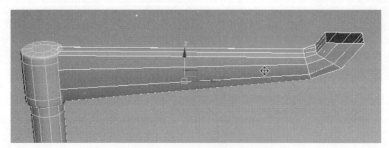

图 8-83　长方体模型创建修改

选择右方开口的边界线段，单击"循环"|"循环"工具，在弹出的"循环工具"对话框中单击"呈圆形"按钮，此时开口处会自动变成圆形，如图 8-84 所示。

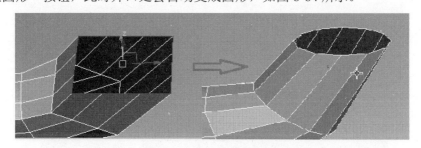

图 8-84　开口处圆形处理

在顶视图中拾取圆柱体轴心，每隔 90°旋转复制，效果如图 8-85 所示。

step 03　在圆柱体底部边缘创建长方体模型对其多边形形状调整，过程如图 8-86 和图 8-87 所示。

将底部支撑物体向右复制一个，然后调整底部支腿部模型形状，如图 8-88 所示。

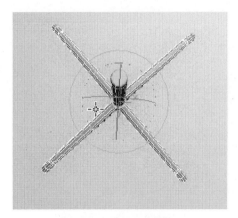

图 8-85　旋转复制效果

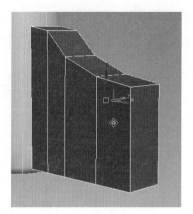

图 8-86　多边形形状调整 1

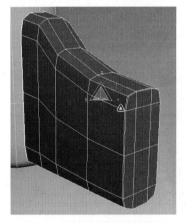

图 8-87　多边形形状调整 2

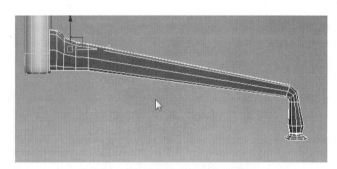

图 8-88　支撑腿部模型形状调整

　　将支撑杆模型附加在一起，然后选择相对应的面单击"桥"按钮桥接出中间对应的面，如图 8-89 所示。

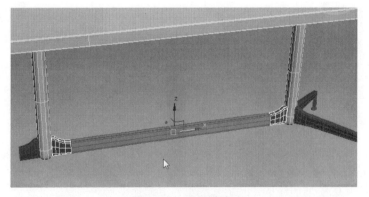

图 8-89　面的桥接

　　使用"倒角"工具制作出凹槽效果。然后选择右侧支撑杆镜像复制到左侧，复制调整后效果如图 8-90 所示。

图 8-90　腿部模型的复制调整效果

step 04　椅子的制作。创建一个长方体模型并转换为可编辑的多边形物体，通过面的挤出、加线调整出椅子的基本形状，如图 8-91 所示。

创建一个如图 8-92 所示形状的样条线，在修改器下拉列表中添加"挤出"修改器，然后将模型塌陷后调整模型布线，选择所有边缘线段，单击"切角"按钮对边切角处理，如图 8-93 所示。

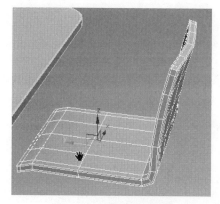

图 8-91　椅子形状调整

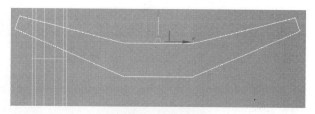

图 8-92　创建样条线

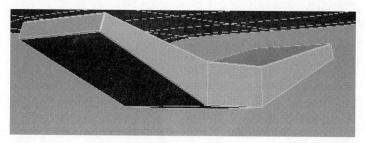

图 8-93　边切角效果

创建一个圆柱体并对其多边形形状调整制作出液压杆模型，如图 8-94 所示。

在液压杆底部位置创建一个圆柱体，设置边数为 10，将该模型转换为可编辑多边形物体，按 4 键进入面级别，每隔一个面选择图 8-95 中的面，使用"挤出"工具将所选面向外挤出，然后使用"移动"工具向下移动调整位置，效果如图 8-96 所示。

分别在边缘位置加线，然后制作复制出轮子模型，效果如图 8-97 所示。

图 8-94　制作出液压杆模型

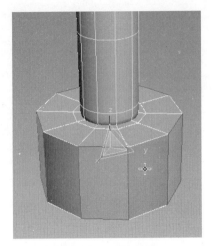

图 8-95　面的选择

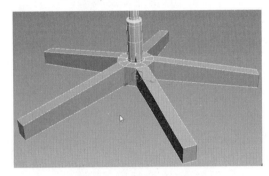

图 8-96　面的挤出移动调整

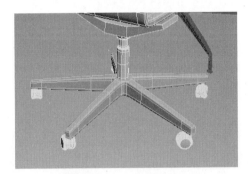

图 8-97　轮子模型制作

step 05 创建修改图 8-98 所示中的扶手模型。加线调整后将底部开口边界调整成圆形，如图 8-99 所示。

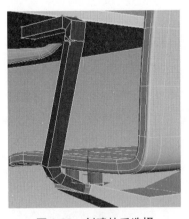

图 8-98　创建扶手选择

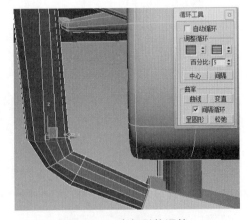

图 8-99　底部形状调整

在修改器下拉列表中添加"对称"修改器，对称复制出另外一半模型，整体调整模型比例和形状，然后复制出右侧扶手模型，效果如图 8-100 所示。

图 8-100 扶手模型复制

选择所有椅子模型，复制调整出剩余椅子，最后整体效果如图 8-101 所示。

图 8-101 最终效果

本实例中的难点在于桌子底部框架以及椅子五星框架的制作，找到合适的方法后就显得容易得多了。初学者在制作时也许会一个一个地制作，然后旋转复制焊接等，其实在最开始创建圆柱体时，边数的设定很重要。

实例 05 制作电脑桌

电脑桌是用来放电脑的，是很重要的办公及生活用品。现代的电脑桌款式多样、质材多样，设计也多样化。随着社会和科技的进步，电脑桌的款式设计也是日新月异。

 设计思路

本实例中设计的电脑桌是一个个人办公电脑桌，除了正常的桌子以外，背板上方还设计了两个文件箱文件架以及笔盒等小的装饰品。电脑桌最高不宜超过 70 厘米。

效果剖析

本实例电脑桌的制作流程如下。

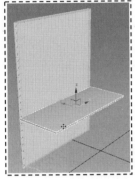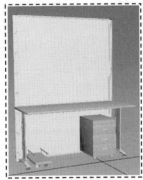

技术要点

本实例电脑桌主要用到的技术要点如下。

● 复杂形状样条线的创建。

● 图形挤出命令下常见的错误处理方法。

● 超级布尔运算。

制作步骤

step 01 在顶视图中创建一个如图 8-102 所示形状的样条线。该样条线比较复杂，在创建时可以创建一半模型，然后镜像复制出另一半后将其附加起来。

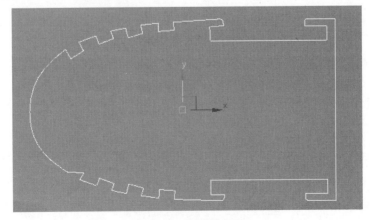

图 8-102 创建样条线

　　在修改器下拉列表中添加"挤出"修改器，设置挤出高度为 2000mm 左右，然后再创建一个如图 8-103 中形状的样条线，再次添加"挤出"修改器，设置挤出高度值为 1500mm，效果如图 8-104 所示。

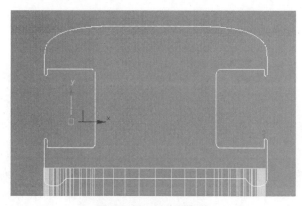

图 8-103　创建样条线

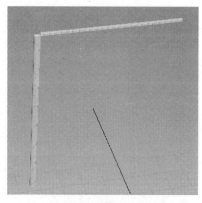

图 8-104　挤出效果

　　创建一个如图 8-105 形状的物体作为两者之间交界处的卡扣模型，然后将左侧支撑杆复制到右侧。选择顶部连接杆模型向下复制两个，如图 8-106 所示。创建出隔板模型，如图 8-107 所示。

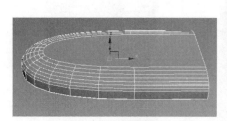

图 8-105　物体创建

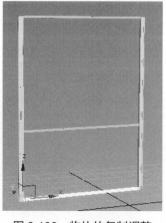

图 8-106　物体的复制调整

图 8-107　隔板模型创建

step 02　创建一个切角长方体模型作为桌面物体，然后创建一个如图 8-108 所示的样条线，在修改器下拉列表中添加"挤出"修改器，设置挤出高度值为 50mm，将该模型塌陷为可编辑的多边形物体，选择两侧边用切角工具切成圆角，如图 8-109 所示。同样的方法创建出底部模型剖面样条线并挤出，如图 8-110 所示。

　　在顶视图中创建一个如图 8-111 所示形状样条线，单击 按钮复制出另一半，如图 8-112 所示。然后单击"附加"按钮将这两条线附加成一个物体，选择对称中心处的点使用"焊接"工具将点焊接起来，如图 8-113 所示。

图 8-108　样条线创建

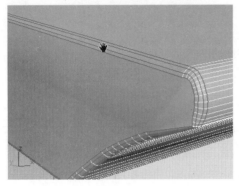

图 8-109　边缘线段的切角处理

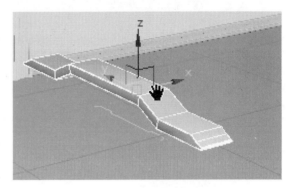

图 8-110　底部物体的创建

图 8-111　样条线创建

图 8-112　样条线镜像复制

图 8-113　点的焊接

　　在修改器下拉列表中添加"挤出"修改器，设置挤出高度值为 685mm 左右，然后在底部位置创建切角圆柱体并将多边形修改成所需形状，加线调整出形状后复制出剩余模型，如图 8-114 所示。

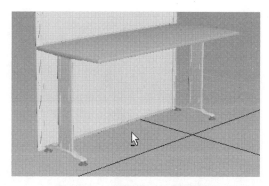

图 8-114　桌腿模型的创建复制

step 03　电脑主机架的制作。创建一个长方体模型并转换为可编辑的多边形物体，加线调整形状如图 8-115 所示。然后创建复制调整圆柱体模型至图 8-116 所示。

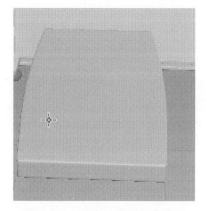

图 8-115　长方体模型创建修改

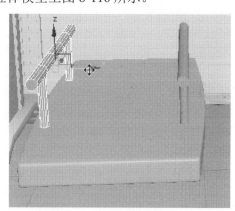

图 8-116　创建圆柱体并复制调整

导入底部滑轮模型并复制调整，如图 8-117 所示。

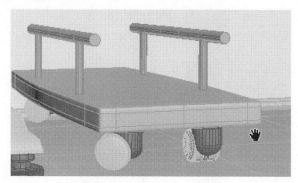

图 8-117　滑轮的导入调整

step 04　创建出文件柜模型如图 8-118 所示。文件柜也比较容易制作。就是切角长方体拼接而成，唯一需要注意的是它的尺寸。

step 05　在左视图中创建出图 8-119 所示中的样条线。然后创建一个圆角矩形框，使用"倒角剖面"的方法制作出图 8-120 所示中的模型。

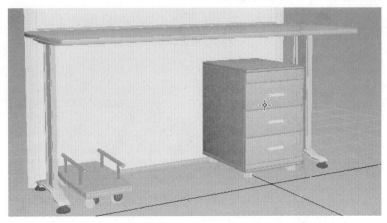

图 8-118　文件柜模型制作

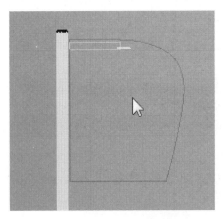

图 8-119　样条线创建

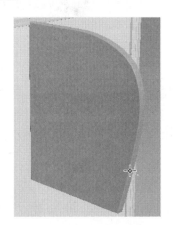

图 8-120　倒角剖面效果

　　将创建的隔板剖面曲线复制调整至图 8-121 所示。使用"附加"工具将所有复制的样条线附加在一起，然后添加"挤出"修改器，调整效果如图 8-122 所示。

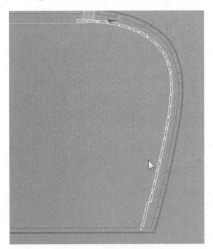

图 8-121　样条线的复制

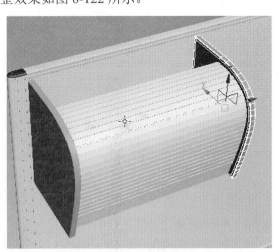

图 8-122　样条线挤出效果

创建长方体模型调整出文件柜的顶、底端模型，然后将该模型复制一个，效果如图 8-123 所示。

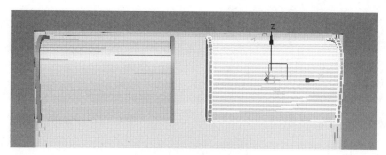

图 8-123 物体的复制

step 06 创建图 8-124 所示样条线和矩形，然后使用"附加"工具将所有矩形和样条线附加在一起，在修改器下拉列表中添加"挤出"修改器，此时模型效果如图 8-125 所示。

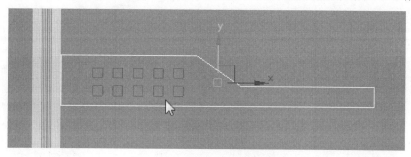

图 8-124 创建样条线和矩形

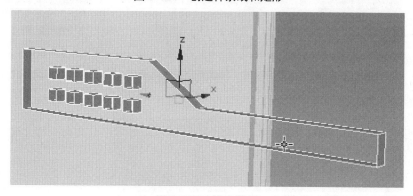

图 8-125 挤出效果

从图 8-125 中可以发现，此效果不是所需效果，此处的挤出修改出现了一些问题。该如何解决呢？切换到左视图，重新创建矩形后并附加在一起，添加"挤出"修改器，效果如图 8-126 所示，模型得到了很好的改善。

将该模型转换为可编辑的多边形物体后适当调整模型布线，调整的原则是尽量不要出现一些乱线，模型布线看上去要美观，这也是在建模过程中需要养成的一个好习惯。选择边缘处的线段，使用"切角"工具将其切成圆角，然后向右复制后创建一个长方体作为资料夹托板模型，效果如图 8-127 所示。

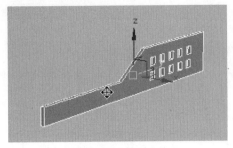

图 8-126　挤出效果

图 8-127　资料架模型制作

step 07　在顶视图中创建一个圆角矩形后转换为可编辑样条曲线，单击"轮廓"按钮向内挤出轮廓线，然后添加"挤出"修改器，将该模型塌陷为多边形物体，调整点的位置至图 8-128 所示形状。在该模型正面创建复制出图 8-129 所示的长方体模型。

在"复合对象"面板中单击 ProBoolean(超级布尔运算)按钮，单击"开始拾取"按钮后拾取方块模型进行布尔运算，效果如图 8-130 所示。然后创建一个长方体模型作为笔盒模型的底座物体。

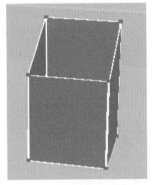　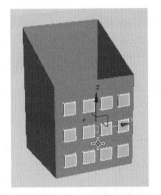　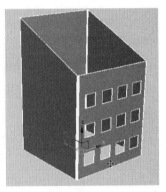

图 8-128　样条线的挤出修改　　图 8-129　创建复制长方体模型　　图 8-130　笔盒布尔运算效果

最终的效果如图 8-131 所示。

图 8-131　最终效果

通过本实例的学习可以发现，大部分模型均是由样条线通过挤出的方法创建的，所以该制作方法就要求我们在创建物体的剖面线段时一定要精准，比例尺寸大小等一定要合适。只有这样创建出的模型才会更加美观得体。

实例 06 制作档案柜

档案柜是用来保存档案资料的柜子，一般用木材或金属制成，有的还做成组合式，分开为箱，叠放成柜。其优点是能有效地防尘和阻止其他有害物质的侵袭，而且搬运挪动便利；缺点是造价高，占据库房有效空间大，单位面积存储量小。

 设计思路

本实例制作的档案资料柜上下分为五层，两边均可放置档案资料，同时底部设计成壳滑动效果。这样就大大增加了柜体的利用空间和灵活性。

效果剖析

本节实例档案柜的制作流程如下。

技术要点

本实例档案柜主要用到的技术要点如下。

- 文件夹内文件的简单表现方法。
- 物体的复制调整。

制作步骤

step 01 在视图中创建一个长方体并转换为可编辑的多边形物体，加线调整形状至图 8-132 所示。然后在该物体的内侧位置创建切角长方体，并复制调整至图 8-133 所示。

图 8-132　长方体编辑调整

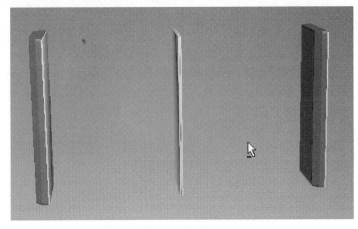

图 8-133　物体的复制效果

复制调整出层板和底座模型如图 8-134 所示。

图 8-134　层板模型的复制

step 02 在贴近地面位置创建长方体模型，制作出柜体壳滑动轨道，如图 8-135 所示。

step 03 在顶视图中创建一个 U 形样条线，使用"圆角"工具将直角处理为圆角，然后使用"轮廓"工具向内挤出轮廓，如图 8-136 所示。

在修改器下拉列表中添加"挤出"修改器，设置挤出高度为 35 左右，然后在模型上添加分段，删除部分面效果如图 8-137 所示。将开口处调整成圆形如图 8-138 所示。

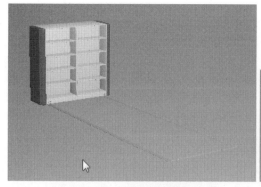

图 8-135　滑动轨道模型创建

图 8-136　样条线创建修改

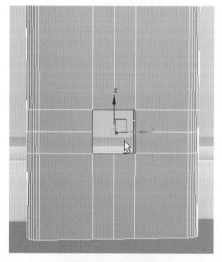

图 8-137　加线调整

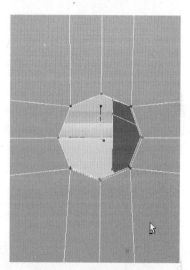

图 8-138　开口形状调整

选择顶部和底部边，使用"切角"工具多次切角处理成圆滑效果，如图 8-139 所示。

在该模型开口位置创建一个圆环物体，然后在该文件夹内部创建面片物体作为文件模型，然后调整复制后使用"附加"工具将所有面片物体附加在一起，效果如图 8-140 所示。

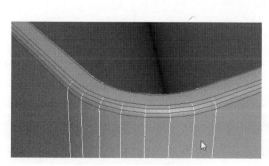

图 8-139　边缘圆滑调整

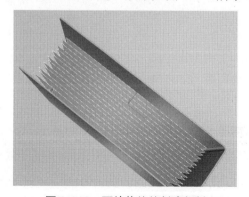

图 8-140　面片物体的创建复制

在文件夹的外侧创建一个长方体模型，然后选择所有文件夹模型单击组菜单设置成一个

组，复制调整出剩余的所有文件夹，如图 8-141 所示。

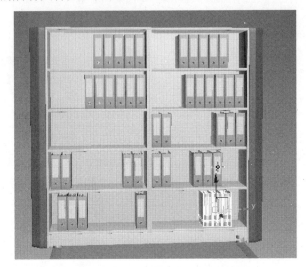

图 8-141　文件夹模型的复制调整效果

选择所有文件夹模型，单击 ▓ 按钮镜像复制出另外一侧模型，然后选择所有文件柜模型，复制调整出其他 3 个文件柜。整体效果如图 8-142 所示。

图 8-142　最终效果

本实例并不复杂，主要是复制调整。所以一个复杂的有很多相似模型的场景文件，只要制作出其中一个，剩余的复制调整就变得相当简单了。

实例 07 制作办公沙发

办公沙发，专指办公室及办公、会议场合使用的沙发。有单人、双人及三人之分，少数办公沙发规格为个人需求定制。

设计思路

办公沙发区其实是人们在工作之余的放松休闲场所，在工作累了困了时可以坐下来喝杯茶养足精神。所以本实例中的沙发在设计时没有复杂的外观，追求的是简洁大方，给人一种耳目一新的感觉。

效果剖析

本实例沙发的制作流程如下。

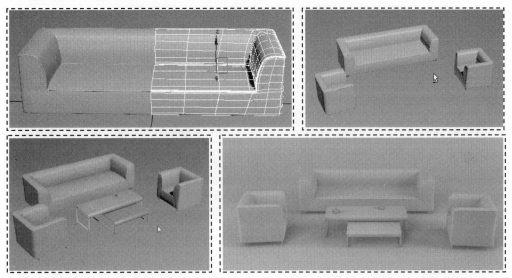

技术要点

本实例沙发的制作主要用到的技术要点如下。

● 　沙发褶皱的纹路制作方法。

● 　"车削"修改器的使用方法。

制作步骤

step 01　在视图中创建一个长、宽、高分别为 260cm、100cm、30cm 的长方体模型，右击，在弹出的快捷菜单中选择"转换为"｜"转换为可编辑多边形"命令，将模型转换为可编辑的多边形物体，然后通过加线、面的挤出等命令对其多边形形状进行调整，如图 8-143 所示。

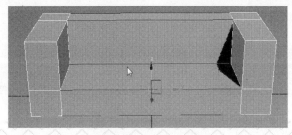

图 8-143　多边形调整

在对称中心位置加线删除一半模型，通过"镜像"工具关联复制。然后调整其中一半模型形状，如图 8-144 所示。

图 8-144　调整一半模型形状

step 02　选择边缘一圈的线段，单击"切角"按钮对线段切角处理，然后选择切角处的面进行倒角处理，效果如图 8-145 所示。倒角后细分效果如图 8-146 所示。

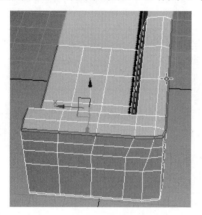

图 8-145　线段切角后选择面

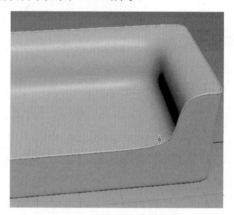

图 8-146　面的倒角细分效果

选择图 8-147 所示中的线段切角处理。此处切角值大小可以根据需要来调整，如果希望棱角明显一些可将切角值调整小一些；如果希望此处圆角更多一些，将切角值调大即可。

调整后细分效果如图 8-148 所示。

图 8-147　选择线段切角

图 8-148　细分效果

step 03　继续加线调整细节，然后右击选择"剪切"命令，在沙发其中一角位置切线，如图 8-149 所示。在该切线处加线向内移动，调整出凹痕的纹理，如图 8-150 所示。

图 8-149　线段切线调整

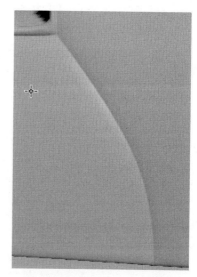

图 8-150　细分之后凹痕效果

在底部创建一个样条线，勾选"渲染中启用"和"在视口中启用"复选框，设置半径值为 1.5cm，然后复制出其他 3 个支撑腿模型，如图 8-151 所示。

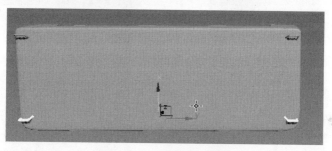

图 8-151　支撑腿模型制作

step 04　将制作好的沙发旋转 90°复制，然后调整沙发的长度和大小(注意，在调整长度时不要使用缩放工具，而是移除部分线段后，移动调整点的位置)。最后再镜像复制出另外一个模型，整体效果如图 8-152 所示。

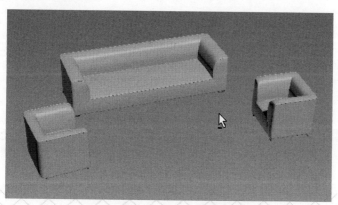

图 8-152　单人沙发的复制调整

step 05 最后制作出茶几模型和茶杯等模型。茶杯的制作可以先创建一个杯子的轮廓线段，如图 8-153 所示。在修改器下拉列表中添加"车削"修改器，效果如图 8-154 所示。

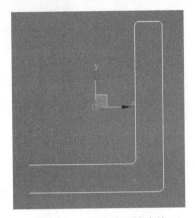

图 8-153　创建杯子轮廓线

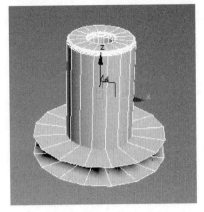

图 8-154　施加"车削"修改器

单击"参数"卷展栏中的"最小"按钮，如果底部出现图 8-155 所示的显示效果，只需勾选"焊接内核"复选框即可，效果如图 8-156 所示。

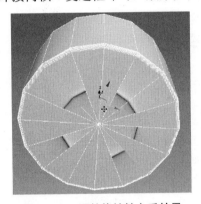

图 8-155　调整旋转轴心后效果

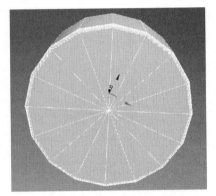

图 8-156　焊接内核后效果

如需使模型更加细致，可以增加分段数即可。最后制作的办公沙发整体效果如图 8-157 所示。

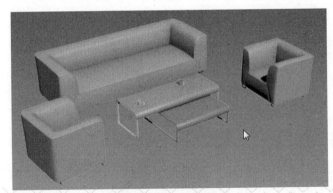

图 8-157　最终效果

本实例中主要学习的是"车削"修改器的使用及调整方法。"车削"修改器多用于圆形规则物体的建模，比如杯子、盘子、碗、酒杯等物体。

实例 **08** 制作杂志架

随着家具行业的发展，杂志架的功能和用途也在逐渐发生变化，在第 5 章中我们介绍了适合书房的杂志架，本实例将介绍一下适用于办公室的杂志架设计。

 设计思路

办公室杂志架一般都是由支撑杆和中间的层板组成的，为了空间的充分利用，可以尽量多做几层。边缘的支撑架采用多个 U 形设计，流线美观。

效果剖析

本办公室杂志架的制作流程如下。

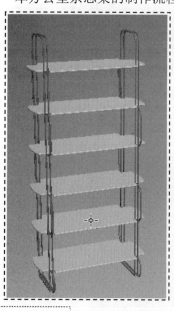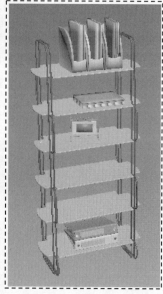

技术要点

本实例的办公室杂志架主要用到的技术要点如下。

- 样条线的"倒角剖面"修改。
- 模型的导入。
- 摄像机的角度调整。

制作步骤

step 01 在视图中创建如图 8-158 所示矩形和样条线，单击"圆角"按钮将拐角处的直角点处理为圆角，然后在"参数"卷展栏中勾选"在渲染中启用"和"在视口中启用"复选框，设置半径值为 1cm，这样就把样条线以三维模型的形式显示了，但实质上它还是样条线。将该样条线复制调整至如图 8-159 所示。

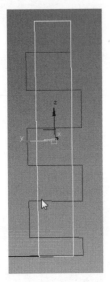

图 8-158　样条线创建

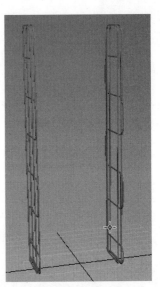

图 8-159　样条线三维显示并复制效果

step 02 在顶视图中创建一个如图 8-160 所示的样条线。

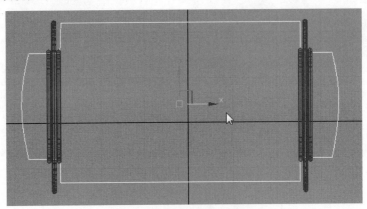

图 8-160　创建样条线

创建圆角矩形，删除部分线段。选择图 8-160 中的样条线后添加"倒角剖面"修改器，拾取圆角矩形线完成模型的倒角剖面修改。如果模型厚度大小不合适，可以选择样条线调整大小，这样模型也会随之进行大小调整。最后将该模型向上复制，如图 8-161 所示。

step 03 创建出文件夹模型，如图 8-162 所示。创建出文件夹圆孔处的圆环和标签栏模型，如图 8-163 所示。

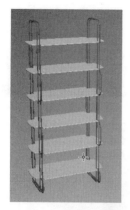

图 8-161　层板模型制作

图 8-162　文件夹模型创建

图 8-163　标签栏模型创建

step 04　创建或者导入书本和顶部的文件夹模型，效果如图 8-164 所示。

step 05　将杂志架模型适当旋转一定角度，然后创建一个如图 8-165 所示的样条线。在修改器下拉列表中添加"挤出"修改器，制作出墙壁模型，然后单击软件左上角的 Max 图标，选择"导入" | "导入"命令，导入一个盆栽模型，调整大小和位置效果如图 8-166 所示。

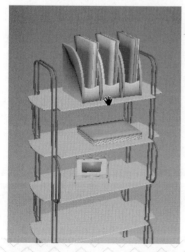

图 8-164　杂志及文件夹模型创建

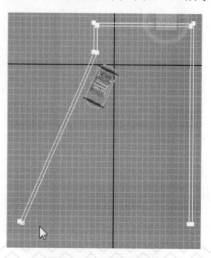

图 8-165　样条线创建

调整一个合适的视角，按 Ctrl+C 快捷键给当前视角匹配摄像机(也就是创建一个摄像机)，选择摄像机，适当旋转角度，此时摄像机视图视角也会随之旋转，如图 8-167 所示。按 F10 键打开渲染设置，调整渲染尺寸为 600×900，选择摄像机，调整镜头焦距和视野值。最终效果如图 8-168 所示。

图 8-166　盆栽模型导入

图 8-167　摄像机角度调整

图 8-168　最终效果

本实例重点学习了一下摄像机的设置与角度的调整。事实上，一个看似简单的场景，只要稍微转换一下视角就能达到比较满意的效果。